Philipp Garra
Das neue Wirtschaftswunder

Philipp Garra ist gleichermaßen in der Digitalisierung und im Mittelstand zu Hause. Er ist Jahrgang 1989 und wuchs im Sauerland auf, wo er schon in Kindheitstagen durch die Werkshallen des familieneigenen Zulieferbetriebs rannte. Er hat Betriebswirtschaft studiert, zwei Start-ups gegründet und zuletzt bei Microsoft den Cloud-Vertrieb für einige der wichtigsten Unternehmen in Deutschland geleitet. Heute lebt er in München und hilft mittelständischen Unternehmen, ihren eigenen Kurs durch die Digitalisierung zu finden.

Philipp Garra

Das neue Wirtschaftswunder

Wie der Mittelstand unseren
Wohlstand rettet

brand eins books

Inhalt

Über das Buch

Ist die deutsche Wirtschaft wirklich ein Auslaufmodell? Führt der Wandel von der Industrie- zur Wissensgesellschaft zwangsläufig zu unserem wirtschaftlichen Abstieg? Während Digitalgurus den Blick nicht über Großkonzerne und das Silicon Valley hinausbewegen, tritt der Mittelstand als stiller Treiber unserer Wirtschaft den Gegenbeweis an. Unternehmen, die es schaffen, unsere Stärken und Werte in die digitale Zeit zu führen – denn mit dem klugen Einsatz von Technologien können Qualität, Erfahrung und Nachhaltigkeit den Grundstein eines neuen Wirtschaftswunders legen. Philipp Garra zeigt, wie die deutsche Wirtschaft in Zeiten großer Umbrüche wieder ihrer Verantwortung gerecht wird und *Wohlstand für alle* auch in Zukunft möglich ist.

Meinen Eltern

Start

Wer glaubt, dass die besten Jahre der deutschen Wirtschaft hinter uns liegen oder die Digitalisierung den jungen Unternehmen vorbehalten ist, unterschätzt die eigenen Stärken. Der Mittelstand hat Erfahrung, Integrität und eine unerschütterliche Arbeitsmoral. Er ist Anker für Stabilität in turbulenten Zeiten, Motor des Fortschritts und ein leuchtendes Beispiel für Beständigkeit und Qualität. Diese Form der Verantwortung bleibt auch in digitalen Zeiten unersetzlich. Der Mittelstand wird dringender gebraucht als jemals zuvor.

Aufbruch

In meiner Arbeit darf ich seit Jahren mittelständische Unternehmen auf ihrer digitalen Transformation begleiten. Für mich ist das ein großes Glück. Ich kann meine gesamte Faszination und mein Wissen bei Unternehmen einsetzen, die mir am Herzen liegen. Zu diesem Ziel ist das Buch in drei Abschnitte unterteilt. Der erste baut ein Verständnis dafür auf, was es mit dem ganzen Tohuwabohu um die Digitalisierung eigentlich auf sich hat. Wie kann sich der Mittelstand verorten? Der zweite Abschnitt beantwortet die Frage, wie eine mittelständische Digitalisierung auf den eigenen Stärken aussehen kann. Brauchen wir eine eigene Digitalstrategie? Wie lassen sich eigenständige Technologieentscheidungen treffen? Und was bedeutet das alles für die Belegschaft? Der letzte Abschnitt führt all diese Punkte dann zusammen, indem er die Werte des Mittelstands in die neue Zeit führt und eine Antwort darauf gibt, wie wir unsere Digitalisierung in die eigenen Hände nehmen können.

Teil 1

Was es mit der Digitalisierung auf sich hat

01

Vom Hype zur Überlebensfrage

Fast alles, was wir über die Digitalisierung denken, ist falsch.
Zum Glück.

Kaum jemand vermutet die Herzkammer der Digitalisierung im niederländischen Veldhoven. Dort steht, zwischen Windmühlen und Tulpenfeldern, die Zentrale von Advanced Semiconductor Materials Lithography, kurz ASML – dem wohl bedeutendsten Digitalunternehmen Europas. Und ein Hidden Champion im ganz klassischen Sinne. Denn der unangefochtene Weltmarktführer für Halbleitersysteme ist den wenigsten Menschen ein Begriff.

ASML baut Maschinen, mit denen Mikroprozessoren für Handys, Laptops oder Server hergestellt werden. Das sind bis zu 180 Tonnen schwere und 150 Millionen Euro teure Anlagen; technische Wunderwerke, in denen pro Sekunde Tausende Tropfen geschmolzenes Zinn durch Kammern fallen, während Laser jeden einzelnen anvisieren, um möglichst viele Transistoren auf Siliziumscheiben zu brennen.

Kein anderes Unternehmen auf der Welt ermöglicht eine Chip-Produktion mit der 5-Nanometer-Technologie. Und je kleiner die Wellenlänge, desto mehr Schaltkreise passen auf einen Chip und umso besser funktionieren all die Geräte unseres Alltags. Innerhalb von nur zehn Jahren steigerte ASML seinen Umsatz von 5,7 Milliarden auf 21 Milliarden Euro. Die einstige Konkurrenz, in Form von großen Konzernen wie Nikon und Canon, hält hier längst nicht mehr mit. So lässt ASML die Träume der mittelalterlichen Alchemie wahr werden: Aus Sand, also dem Grundstoff für Silizium, wird pures digitales Gold.

Lässt sich dieser Erfolg kopieren? Können andere Unternehmen das auch?

Peter Wennink, seit 2013 Geschäftsführer von ASML und Vater des Erfolgs, ist fest davon überzeugt. Für ihn kommt es jedoch nicht allein auf die Technologie an. Stattdessen rücken für ihn verantwortungsvolles Unternehmertum und Glaubwürdigkeit in die Mitte der Diskussion. Also das, was unsere Wirtschaft stark macht.

In Interviews und Vorträgen verbindet Wennink sein protestantisches Arbeitsethos mit einer Bestimmtheit, die nur entwickelt, wer über Jahrzehnte gegen zähe Widerstände kämpft: «Wir haben die Universitäten, wir haben die Forschungseinrichtungen und die Infrastruktur. Das Einzige, was fehlt, sind Unternehmen, die daraus etwas machen.» Seine Ausführungen kommen beim Publikum nicht immer gut an: Denn wenn es nicht am Umfeld liegt, dann liegt es an ihnen. Dann zählen die vielen kleinen Entschuldigungen, die sie sich selbst erzählen, plötzlich nichts mehr. *«Mit unserer Industrie hat diese Digitalisierung wenig zu tun. Wir können warten.»* – *«Das ist eine Sache der EDV-Abteilung. Das machen die schon.»* Oder, ganz klassisch: *«Das haben wir schon immer so gemacht. Da wird nicht dran gerüttelt.»*

Doch wer genau hinsieht, kommt an der Einsicht nicht vorbei, dass die Digitalisierung großflächig verschlafen wurde. In Sachen Glasfaser ist Deutschland das Schlusslicht in Europa. Dabei hat der Ausbau von Netzstrukturen einen direkten Einfluss auf unsere wirtschaftliche Entwicklung. Nach einer Studie der Weltbank würde eine um zehn Prozent verbesserte Internetanbindung in Deutschland zu einem Wachstum des Bruttoinlandproduktes von 0.255 Prozent führen.[1] Seit den Achtzigerjahren wurden zwar Abermillionen Euro in Computer, Rechenzentren und Roboter investiert, doch unsere Arbeit hat sich nicht merklich verändert. Der amerikanische Nobelpreisträger Robert Solow stellte dazu zähneknirschend fest, dass man das Computerzeitalter überall sehen kann, außer in der Produktivitätsstatistik.[2] Für so manches Unternehmen wird die Digitalisierung so zu einer selbsterfüllenden Prophezeiung: Man investiert leidenschaftslos in Technik und fühlt sich bestätigt, wenn das dann kaum Verbesserungen mit sich bringt. So werden aktenweise Prozesse in eine computerisierte Welt übertragen und man wundert sich, warum am Ende kein *digitaler Champion* steht.

Ländle

Es sind die Annahmen, die wir über die Digitalisierung treffen, die Denkmuster und Narrative, welche einer erfolgreichen Digitalisierung des Mittelstands enge Grenzen setzen. An wen denken Sie beispielshalber in folgendem Abschnitt:

Es toben die wilden Siebzigerjahre. Inmitten der aufsteigen-

den Gegenkultur aus Hippies, Kaltem Krieg und der Ölkrise
beginnen die ersten Computer-Nerds, mit Technologie die Welt
zu verändern. Erst zum Spaß mit der Clique im Studium und
schließlich, um damit Geld zu verdienen. Sie nehmen ihren
Mut zusammen, arbeiten die Wochenenden und Nächte durch
und gründen ihr erstes eigenes Unternehmen. Mit ihrem Start-
up sagen sie den alten EDV-Riesen wie IBM – ihrem ehemali-
gen Arbeitgeber – den Kampf an. Sie schaffen eine globale IT-
Supermacht, die bis heute besteht.

Gemeint sind nicht Steve Jobs, Bill Gates oder Larry El-
lison. Sondern Hasso Plattner, Dietmar Hopp, Hans-Wer-
ner Hector, Claus Wellenreuther und Klaus Tschira. Die
Gründer von SAP. 1972 beschlossen die *wilden fünf*, dass
man Datenverarbeitung für Unternehmen besser machen
kann. Tagsüber befragten sie die Mitarbeiter einer Nylon-
fabrik zu jedem kleinen Detail ihres Betriebes, abends
pressten sie die Antworten in Computercode. Heute ist
SAP der größte Softwarehersteller Europas – alles aus dem
beschaulichen Walldorf heraus.

Neben der Annahme, dass die Digitalisierung amerika-
nisch geprägt ist, hält sich auch die Idee wacker, dass sie
nur etwas für junge Leute sei. Schließlich arbeitet im Silicon Valley kaum jemand, der älter als 35 ist, oder? Bei ge-
nauerer Betrachtung ist jedoch auch das Bild des spätpu-
bertären Firmengründers, der sein Studium abbricht, um
in kürzester Zeit Millionen zu verdienen, brüchig. So be-
trägt das durchschnittliche Gründeralter der am schnells-
ten wachsenden Start-ups in den USA nicht etwa 25, sondern 45. Die Chance, dass eine Idee erfolgreich ist, steigt

mit der beruflichen Erfahrung der Gründer steil an. Mit 50 ist die Erfolgsquote doppelt so hoch wie mit 30. Erfahrung und Know-how kommen also auch in der Digitalisierung nicht aus der Mode.[3]

Vielleicht ist folglich auch die Annahme falsch, dass wir den Anschluss an die neue digitale Zeit endgültig verpasst haben?

Unternehmen wie SAP oder ASML sind zwar längst aus dem Prädikat Mittelstand herausgewachsen, aber es gibt auch familiengeführte Maschinenbauer und Zulieferer, die zeigen, dass ein digitaler Mittelstand möglich ist. Einer davon ist die Trumpf-Gruppe aus Tuttlingen bei Stuttgart. Das Unternehmen begann in den Zwanzigerjahren mit der Produktion von biegsamen Wellen für den Druckereibedarf. Heute stellt man lasergestützte Systeme inklusive der passenden Automatisierungssoftware her. Es ist kein Zufall, dass die Hochleistungsverstärker von Trumpf in den Maschinen von ASML verbaut werden.

Das Unternehmen hat seinen eigenen Weg gefunden. Das hat zwei Gründe. Zunächst ist da eine unschlagbare technische Tiefe, die nun um die Digitalisierung ergänzt wird. Man nimmt die Stärken des eigenen Unternehmens, also was man aus dem Effeff beherrscht, und interpretiert diese neu. So wurde zum Beispiel aus dem Wunsch heraus, endlich das elende Papier aus der eigenen Logistik zu verbannen, das Softwareunternehmen Axoom ausgegründet. Als Nächstes lancierte die Trumpf-Tochter Q.ANT einen Quantencomputer aus eigener Produktion.

Der zweite Grund heißt Nicola Leibinger-Kammüller.

Die promovierte Philologin übernahm 2005 die Leitung des Unternehmens und brach mit vielen Traditionen, die bis heute fest im Mittelstand verankert sind. Sie ist so medienpräsent, dass von einem *Hidden Champion* kaum noch die Rede sein kann. Statt sich in der Provinz zu verstecken, rückt sie die Trumpf-Gruppe bewusst in die Öffentlichkeit. Sie kommuniziert Ziele und Visionen, spricht von Werten und mobilisiert ihre Belegschaft. So zerstreut sie Zweifel, öffnet das Unternehmen für eine vernetzte Welt und wird nicht müde, die Wichtigkeit des Mittelstands hervorzuheben. Es hilft sicherlich, dass Dr. Leibinger-Kammüller, im Gegensatz zu vielen anderen mittelständischen Führungskräften, nicht aus dem sachlichen Ingenieurswesen kommt, sondern aus der Unternehmenskommunikation.

Die Digitalisierung kann also durchaus mittelständisch sein, zumindest mit der richtigen Technik und Führung. Was fehlt also noch, um unsere Neugier, unseren Mut und Gestaltungswillen zu wecken?

Motivationsschreiben

Die Älteren unter Ihnen erinnern sich vielleicht noch an Heinz Nixdorf. Jahrgang 1925, gehörte er in den Nachkriegsjahren der typischen mittelständischen Gründergeneration an. Sein Studium brach er ab. Stattdessen entwickelte er einen neuartigen Rechner auf Basis von Elektronenröhren. Damit schwang er sich auf sein Moped und wurde bei jedem größeren Unternehmen vorstellig, das ihn durch die Tür ließ. Es war schließlich der Leiter der Lochkartenabteilung bei RWE, in dessen Kellerräumen Nixdorf sein Unternehmen aufbaute.

Jedes Unternehmen sollte sich einen Computer leisten können und mit modernen Methoden arbeiten. Das war der Traum. So gab es nach einigen Jahren die ersten Nixdorf-Rechner für 10 000 Mark – eine Kampfansage an die bis dato üblichen millionenschweren Maschinen von IBM. Für die meisten Unternehmen war das pure Science-Fiction. Die leuchtenden Tasten und blinkenden Eingabefelder kannte man bisher nur von der Raumpatrouille Orion.

Der Erfolg sollte aber nicht ewig währen. Ende der Achtzigerjahre verpasste Nixdorf den Trend zum Personal Computer – nicht ohne einen gewissen Hochmut. So wurde eine Anfrage von Steve Jobs, ob Nixdorf den europäischen Vertrieb von Apple-Produkten übernehmen wolle, nicht einmal beantwortet. Die letzte große Computer-Erfolgsgeschichte aus Deutschland fand im März 1986 ihr abruptes Ende. Heinz Nixdorf starb an einem Herzanfall. Mitten auf der ersten Cebit. Ein Jahr später geriet das Unternehmen in Schieflage. 1990 übernahm Siemens, was noch übrig war. Und der Firmensitz in Paderborn, wo einmal zehntausend Mitarbeiter die Zukunft bauten, ist heute ein Museum.

Nixdorfs Geschichte ist allerdings mehr als nur ein weiteres Beispiel dafür, dass wir in Deutschland durchaus einmal einen Geltungsanspruch in der digitalen Welt hatten. Sie zeigt auch, warum wir uns heute so schwertun.

Für die Nachkriegsgeneration war das Ziel noch klar. Das Wirtschaftswunder kam nicht von allein und man hatte eine Menge zu beweisen. Wirtschaftlicher Erfolg bot die Möglichkeit, sich wieder Respekt zu verschaffen und unseren Platz in der Welt neu zu definieren. Ein paar Jahrzehnte später war all das erreicht und der technische und wirtschaftliche Gestaltungsdrang nahm drastisch ab.

Wohin das führt? Heute wird die Digitalisierung oft als eine Art Selbstzweck gesehen. Als ginge es nur darum, einen Trend mitzugehen und nun auch etwas mit der Blockchain, KI oder Cloud zu machen. Dabei geht es um deutlich mehr. Besonders für den Mittelstand, der sich der Frage stellen muss, wie man das eigene Unternehmen in diesen Zeiten langfristig ausrichten, wie man Sicherheit in unsteten Zeiten schaffen kann. «Enkelfähig wirtschaften» ist hier das Stichwort. Stellen Sie sich Ihr Unternehmen in zehn oder zwanzig Jahren vor – kann es ohne ein klares Verständnis der Digitalisierung wirklich bestehen? Oder positiver ausgedrückt: Was glauben Sie, was die deutsche Wirtschaft erreichen kann, wenn wir unsere Expertise endlich digitalisieren?

02

Maschinenstürmer

Zunächst müssen wir die Digitalisierung verstehen. Das ist leichter als gedacht.

Die Digitalisierung wird von einer Unmenge an Fachbegriffen und Schlagwörtern in einen für Laien nahezu undurchdringlichen Nebel aus Nullen und Einsen gehüllt. Selbst in der Fachwelt gibt es keine einheitliche Definition. Je nach Interessenlage legt jeder die Digitalisierung ein klein wenig anders aus – vom Digitalkonzern bis zum Technoskeptiker.

Um der Digitalisierung wirklich näherzukommen, reicht ein Verständnis über sich ständig wandelnde *Buzzwords* nicht aus. Was fehlt, ist ein Verständnis dafür, wie Digitalisierung funktioniert. Was wir brauchen, ist Kontext.

Es lebe die Revolution

Die Digitalisierung wird gern mit der industriellen Revolution verglichen, dabei passt die Reformation deutlich besser. Dieser Meinung ist unter anderem Niall Ferguson, der sich als *Historiker des Silicon Valley* einen Namen machte und heute an der Stanford University lehrt: Die Druckpresse, nicht die Dampfmaschine, sei das technische Äquivalent zum Computer. Beides veränderte unseren Zugang zu Informationen grundlegend. Ferguson zieht eine direkte Linie von der Keilschrift über Feder und Papyrus bis zum Buchdruck und letztlich bis zum Computer.[4]

Der große Unterschied zwischen Reformation und Digitalisierung ist die Geschwindigkeit, in der die wirtschaftlichen und gesellschaftlichen Umbrüche stattfinden.[5] Wo steckt also der viel beschworene Produktivitätsschub des zweiten Maschinenzeitalters? Während die Industrialisierung mit Dampfmaschine und Fließbändern massive Zuwächse in der Produktivität verzeichnen konnte, bleiben diese in der Digitalisierung bisher aus.

Die Antwort findet sich nicht in dieser oder jener wirtschaftlichen Revolution, sondern im Übergang von einer Revolution zur nächsten: Ende des 19. Jahrhunderts waren die meisten Dampfmaschinen in die Jahre gekommen. Die Idee, Energie aus Wasserdampf zu gewinnen, war längst überholt. Das Elektrizitätszeitalter brach an und der Welt ging ein Licht auf. Bisher mussten Maschinen in Fabriken direkt mit Dampfmaschinen gekoppelt werden – mit riesigen Kurbelwellen, Riemen und Getrieben. Erst die Elektrifizierung ließ Fabriken aus diesem starren Korsett ausbrechen. Die Energiequellen waren jetzt *kleine* Motoren, die direkt neben einer Maschine platziert werden konnten. Und die Fabriken funktionierten folglich *wie am Fließband*. Bloß, dass für mehr als 25 Jahre kaum ein führendes Produktionsunternehmen von diesen Möglichkeiten Gebrauch machte. Man hielt starr an alten Produktionsmethoden und den Dampfmaschinen fest. Wie in der Digitalisierung hinkte die tatsächliche Entwicklung den technischen Möglichkeiten weit hinterher. Mit fatalen

Konsequenzen: Fast vierzig Prozent aller Industrieunternehmen verschwanden innerhalb weniger Jahre vom Markt.[6] Die Elektrifizierung führte zu einem Massensterben der Industrie.

Auch für die Digitalisierung gibt es diese *Theorie der zwei Geschwindigkeiten*.[7] Auf der einen Seite steht der rasante technische Fortschritt. Auf der anderen Seite stehen diejenigen Unternehmen, deren Anpassung deutlich zu viel Zeit beansprucht. Dabei wird gern übersehen, dass die Digitalisierung erst durch Unternehmen Realität wird. Zumindest solange kein Wettbewerber schneller ist.

Nehmen wir beispielsweise die Sick AG aus Waldkirch. Ein klassischer industrieller Mittelständler mit langer Tradition. Es mag so manchen Beobachter verwundern, aber die Sick AG ist ein digitaler Vorreiter. Das Unternehmen liefert Spezialgeräte vom Entfernungsmesser über 3-D-Kameras bis zu RFID-Systemen – alles wichtige Komponenten für vernetzte Produktionsabläufe. Die Kameras beobachten Maschinen und kombinieren ihre Aufzeichnungen mit Sensordaten. RFID-Chips überwachen, welche Waren eingehen und wo diese gelagert werden. Die Sick AG ermöglicht ihren Kunden, neue Einblicke in die eigene Produktion zu erhalten und diese mit klugen Analysen besser zu verstehen. So werden riesige neue digitale Datensätze erzeugt, die helfen, Abläufe glatt zu ziehen und die Produktivität zu steigern. Mit ihren Produkten wird die Sick AG für viele ihrer Kunden zum digitalen Taktgeber. Gemeinsam bestimmen sie die Geschwindigkeit der Digitalisierung.

Mit diesem Beispiel kommen wir gleichzeitig auch der treibenden Kraft hinter der Digitalisierung näher. Ganz gleich, ob Buchdruck oder Internet und ganz gleich wie hoch auch die Geschwindigkeit der Entwicklung sein mag: Dahinter liegen immer Daten, Daten, Daten und noch mehr Daten.

In den vergangenen Jahrzehnten ist die schiere Masse an Informationen förmlich explodiert. Alles kann nun in Nullen und Einsen festgehalten werden. Das verändert nicht nur, wie wir kommunizieren, Bilder teilen oder Musik hören. Das verändert auch, wie Unternehmen funktionieren.

So gab es Mitte der Achtzigerjahre circa 2,64 Exabytes an Daten auf der ganzen Welt.[8] Die meisten davon auf Papier, Film, Magnetbändern und Vinyl. 2018 lag diese Zahl schon bei achtzehn Zettabytes. Bis 2025, so schätzt das Marktforschungsinstitut IDC, wird die schiere Menge an erstellten, erfassten und replizierten Daten die Schallmauer von sage und schreibe 175 Zettabytes durchbrechen.

Ungefähr im Jahr 2007 durchlaufen die Daten der Welt dann einen weiteren fundamentalen Wandel. Zum ersten Mal sind mehr als die Hälfte aller Daten mit dem Internet verbunden. Plötzlich ist es möglich, all diese Informationen miteinander zu verknüpfen. Man kann sie neu zusammenfügen und bisher verborgene Zusammenhänge aufdecken. Wenn sich die Anzahl der so neu geschaffenen Ideen auch nur im Ansatz proportional zur Anzahl der Datenpunkte verhält, führt schon eine Verhundertfachung

In den vergangenen Jahrzehnten ist die schiere Masse an Informationen förmlich explodiert. Das verändert nicht nur, wie wir kommunizieren. Das verändert auch, wie Unternehmen funktionieren.

der Datenmenge zu einer Verzehntausendfachung der erkennbaren Muster. Die Digitalisierung führt zu unzähligen neuen Ideen. Es werden gänzlich neue Geschäftsmodelle und Strategien möglich. Denn was wir erleben, ist keine Verhundertfachung aller verknüpfbaren Daten. Wir erleben eine Steigerung um ein billionenfaches, eine echte Daten-Explosion.

Es gibt so viele Daten und so ungemein viele Möglichkeiten, Daten zu analysieren, dass kaum ein Unternehmen hier den Überblick behalten kann – mit der Ausnahme von Google vielleicht. Insbesondere kleinere Unternehmen werden vor eine unlösbare Aufgabe gestellt. Entweder sie ignorieren diese Entwicklung und beten, dass ihre Erfahrung für die kommenden Jahre ausreicht, oder sie ertrinken in einer unendlichen Datenflut.

Stellen Sie sich eine Tageszeitung vor, die über mehr als zwanzig Jahre bei jeder Ausgabe eine Seite länger würde. Bei 260 Ausgaben pro Jahr würde Ihre Tageszeitung dann folglich mehr als 5000 Seiten umfassen. Es wäre Ihnen unmöglich, die wichtigen Nachrichten des Tages herauszufiltern – aber genau das ist die Aufgabe, vor der die meisten Unternehmen stehen.

Oft ist uns gar nicht bewusst, wie wichtig Technologie in der Entscheidungsfindung von Unternehmen geworden ist. Vom Tagesgeschäft bis zur großen Strategie basieren die meisten unserer Entscheidungen auf Technologie – von der Maschine im Werk bis zur elektronischen Buchführung, von der Unternehmenssoftware bis in die Cloud. Technologie bestimmt, welche Informationen uns für eine

Entscheidung vorliegen. Wie bei der Tageszeitung mit 5000 Seiten wird es immer schwieriger, die Informationen herauszuarbeiten, die für gute Entscheidungen, na ja, entscheidend sind.

Einen Grund hierfür kennen Sie vielleicht: *Moore's Law*. Kurzum sagt es aus, dass sich die Rechenleistung von Computerchips alle zwei Jahre verdoppelt. Weit weniger bekannt, aber für die Digitalisierung ebenso wichtig ist *Butters' Law*[9], wonach sich die Datenmengen, die wir durch unsere Infrastruktur jagen, bereits alle neun Monate verdoppeln.

Es sinken also sowohl die Kosten für Kommunikation als auch für die Informationsverarbeitung dramatisch – fast auf null. Erinnern Sie sich noch daran, dass ein Ferngespräch per Telefon einmal teurer war als ein Ortsgespräch? Das ist keine zwanzig Jahre her und heute undenkbar.

In der Digitalisierung fällt gern der Satz, dass nun jedes Unternehmen ein Informationsunternehmen sei. Damit ist genau das hier gemeint. Die Flut an Daten ordnet unsere Unternehmen neu.

Und jetzt kommt der Clou: Ist das für den Mittelstand nicht eigentlich eine riesige Chance?

Wenn die Kosten für Daten-Kommunikation fast bei null angekommen sind, kann man dann nicht eigentlich alles auslagern – außer der Produktion? Schließlich erlauben Sensoren auch die Überwachung von weit entfernten Produktionsstandorten. Plötzlich ist diese Form des *Outsourcings* nicht mehr nur eine Frage der Kosten. Wenn rein praktisch jeder Experte weltweit eine Aufgabe übernehmen kann, dann entsteht plötzlich auch der Druck, diesen Experten für die eigenen Zwecke einzuspannen. Sonst macht es schließlich jemand anderes. Aus Outsourcing wird Expertsourcing.

Und das klingt für mich leider sehr nach der deutschen Wirtschaft!

Schockierende Nachrichten

Bisher waren es in erster Linie die großen Wirtschaftskrisen, die der deutschen Wirtschaft und insbesondere dem Mittelstand Sorge bereiteten. Was will man auch machen gegen Ölkrise, Kriege und Finanzkollaps? Mit den Schocks der Digitalisierung kommt nun eine weitere Kategorie hinzu. Diese sind nicht *makro*, sondern *mikro*. Statt der gesamten Wirtschaft treffen sie einzelne Branchen, Unternehmen und sogar Mitarbeiter. Eine Vielzahl von kleinsten Veränderungen, neuen Daten oder neuen Technologien lösen die Schockwellen aus, an denen der Mittelstand zu zerbrechen droht.

Solche Krisen federte man bisher mit einem soliden Eigenkapitalpuffer ab. Aber um die Stabilität unserer Unternehmen ist es längst nicht mehr so gut bestellt wie oft angenommen. Nach Zahlen des Instituts der deutschen Wirtschaft belegen deutsche Unternehmen bei der Eigenkapitalquote im internationalen Vergleich einen überraschenden vorletzten Platz. Im Vergleich mit 22 führenden Wirtschaftsnationen kommt Deutschland mit durchschnittlich 24,6 Prozent auf Rang 20.[10] Kaum ein mittelständisches Unternehmen hat ausreichend Mittel, um eine größere Krise zu überbrücken. Einzig die *Hidden Champions* stehen etwas besser da.[11]

Wegbereiter

Was sicherlich nicht funktioniert, ist, auf jeden einzelnen digitalen Trend aufzuspringen. Unternehmen, die jetzt gerade laut verkünden, dass sie eine «web3 company auf der Blockchain» sind, stehen mit ziemlicher Sicherheit kurz vor dem Ruin. Das erklärt vermutlich auch, warum die Fehlinvestitionen in der Digitalisierung einen dramatischen Höchststand erreicht haben. Je nachdem, welcher Unternehmensberatung man Glauben schenken möchte, scheitern 70 bis 95 Prozent aller Digitalisierungsprojekte.[12]

Auch der Versuch, alle Kunden und Märkte bis ins letzte Detail zu durchleuchten, ist vergebens. Im Übrigen ist eine berechenbare Welt gar nicht erstrebenswert. Eine Welt, in der Unternehmen das Verhalten von Kunden, Konkurrenz und ganzen Märkten auf Knopfdruck prognostizieren können, kennt nur zwei Konsequenzen: Entweder führt sie zu wirtschaftlichem Stillstand, weil jedes Unternehmen zu den gleichen Entscheidungen kommt, oder ein Unternehmen rechnet besser als der Rest und übernimmt den kompletten Markt. Beides kann uns nicht recht sein.

Dabei ist digitale Technologie nicht so kompliziert, wie oft gedacht. Es ist ein Werkzeug, um Probleme zu lösen, nichts anderes als die Anwendung von wissenschaftlichen

Erkenntnissen in Ingenieursfragen. Und damit kennen wir uns doch aus. Ob es sich um einen Hammer handelt oder um Software ist zweitrangig – Hauptsache, es ist nützlich. Durch bessere Sensoren, vernetzte Maschinen und Software ist es möglich, eine moderne Industrielandschaft aufzubauen. Heute ist jedes Auto ein fahrender Computer und sendet seine Fahrdaten zurück an den Hersteller. Roboter sprechen sich untereinander ab und melden ihre Auslastung an den Schichtleiter. Es ist immer die Ingenieursleistung, die bestimmt, welche Daten erhoben und verarbeitet werden können. Es sind Ingenieure, die unsere neue digitale Realität schaffen und die Geschwindigkeit der Veränderung vorgeben.

Der Schlüssel zum Erfolg liegt folglich in der Fähigkeit eines Unternehmens, mit ständigen Veränderungen umzugehen oder besser noch, daran zu wachsen. Das betrifft die Mitarbeiter, die Führungsriege, die Organisation und die Kultur gleichermaßen. Auch deshalb stolpert man in diesem Zusammenhang immer häufiger über den Begriff *Digital Maturity*. Damit ist eine stetige Entwicklung gemeint, statt der eine große Wurf.

Wenn sie also immer noch auf ein Schlagwort zurückgreifen möchten, um die Digitalisierung zu erklären, dann lassen sie das *papierlose Büro* besser links liegen. Wenn es sein muss, dann reden Sie lieber über die *digitale Reife* ihres Unternehmens. Damit wäre schon eine Menge getan.

03

Familienangelegenheit

Der Mittelstand ist eine Erfolgsgeschichte. Sind seine Stärken nun aus der Zeit gefallen?

Ich stehe an der Münchner Stammstrecke und warte auf die S-Bahn. Diese Bahnstrecke ist ein Nadelöhr. Rechtzeitig für die Olympischen Spiele 1972 fertiggestellt, führt sie einmal unter der Innenstadt hindurch. Ein vier Kilometer langer Tunnel mit nur zwei Gleisen. Bleibt eine einzige S-Bahn liegen, kommt die ganze Stadt zum Stillstand.

Die Menschen drängen sich dicht am Bahnsteig. Eine Gruppe Schülerinnen in Hochwasserjeans, weißen Sneakern und viel zu dünnen Daunenwesten trotzt der Kälte. Sie posieren für ein Selfie nach dem anderen vor dem komplett veralteten Schienennetz. Gibt es eine passendere Metapher für die Digitalisierung in Deutschland? Eine moderne Social-Media-Plattform vor einer völlig veralteten Infrastruktur.

Bei meinem Kunden angekommen, werde ich gleich im Besucherbereich geparkt. Es ist kurz vor neun und die Mitarbeiter strömen durch die Türen. Verschlafen ziehen sie ihren Dienstausweis durch das antiquierte Zeiterfassungssystem. Viele lassen die Schultern hängen, als führen sie zur Schicht ins Bergwerk ein. Mit den Aufzügen geht es hinauf in die unerbittliche Monotonie des Alltags.

Ich wusste, es würde ein schwieriger Termin werden. Der neue IT-Vorstand hatte sein Amt mit dem Versprechen angetreten, massiv Kosten zu sparen. Zu Beginn wurden noch Ideen diskutiert. Dann fiel der Groschen auch bei der Belegschaft: Es waren vor allem Personalkosten gemeint. Auf der Streichliste der digitalen Agenda standen die Mitarbeiter ganz weit oben.

Jeder konnte fühlen, dass das Unternehmen angeschlagen war. Zum vierten Mal in zwei Jahren stellte der Vorstand eine neue *IT-Strategie* vor. Die letzte war aus technischen Gründen noch auf einem Tageslichtprojektor vorgestellt worden. Diesmal bekamen wir zumindest eine Präsentation per E-Mail. Ein riesiger Fortschritt.

Aber es ging schon lang nicht mehr darum, neue Kundengruppen anzusprechen oder innovative Geschäftsmodelle zu entwickeln. Selbst um den Datenschutz war es still geworden. Das Unternehmen kämpfte um die eigene Zukunft. Alles, was ausgelagert werden kann, sollte ausgelagert werden. Was gestrichen werden kann, sollte gestrichen werden.

Ich bat um einen Kaffee. Ein Abteilungsleiter schaute beschämt auf den Boden, bevor er mich zu einem dieser furchtbaren geleasten Kaffeeautomaten führte, die in immer mehr Unternehmen stehen. Kaffee gab es nur noch gegen Bezahlung – auch für Gäste. Ich wurde auf eine ekelhaft schlechte Plastiktasse brauner Plörre für 37 Cent eingeladen. Unternehmen, denen es nicht mehr gut geht, sparen immer zuerst am Kaffee. Dann kommen die Druckerpatronen. Und dann kommt die IT.

Wie bei so vielen Unternehmen war es weder der Wunsch, die Zukunft zu gestalten, noch der Traum, zum digitalen Champion aufzusteigen, der die Digitalisierung antrieb. Es war ein Cyber-angriff.

Einige Jahre zuvor sah die Welt noch anders aus. Es wurden Visionen diskutiert und Pläne geschmiedet. Jeder kleinste Aspekt der Digitalisierung wurde auf dem Papier ausgearbeitet. Jedes noch so kleine Szenario wurde auf seine technische Machbarkeit und auf rechtliche und organisatorische Aspekte hin geprüft. Externe Dienstleister erstellten Gutachten und Machbarkeitsstudien. Bloß wirklich *umgesetzt* wurde nie etwas davon.

Bis zum großen Schock. Wie bei so vielen Unternehmen war es weder der Wunsch, die Zukunft zu gestalten, noch der Traum, zum digitalen Champion aufzusteigen, der die Digitalisierung antrieb. Es war ein Cyberangriff. Einer, der das gesamte Unternehmen stilllegte. Millionen Dateien wurden gestohlen und in den folgenden Tagen für mehr als vierzig Millionen Euro im Netz angeboten. Darunter Gehaltsdokumente, Aufzeichnungen des Aufsichtsrats, Passwörter und Dokumente zu Krankmeldungen der Belegschaft.

Die Hacker waren keine pickeligen Kids, die ihre Grenzen testeten. Sie waren hochprofessionell und betrieben sogar einen eigenen Opfer-Kunden-Service, der half, das Lösegeld via Bitcoin spurlos zu überweisen. Das ist kein Scherz: Die Servicewüste Deutschland endet bei unseren Erpressern.

Das Bundeskriminalamt erfasste 2022 allein in Deutschland 136 856 Fälle. Allerdings liegt die Dunkelziffer wohl deutlich höher. Auch wenn das alles auf den ersten Blick ein wenig unkontrollierbar wirkt, das ist unsere neue Realität. Das ist die Digitalisierung in Deutschland.

Mittelstandards

Die Verunsicherung ist groß. Über die Jahre entwickelte der deutsche Mittelstand eine ganz eigene charakteristische Haltung: Stabilität und Kontinuität waren wichtiger als kurzfristige Quartalsziele. Sorgfalt und Qualität hatten oberste Priorität. Mitarbeiter waren keine Streichposten, stattdessen sprach man von der Betriebsgemeinschaft. Und statt sich vor Aktionären für irgendwelche Finanzkennzahlen zu rechtfertigen, wartete auf mittelständische Unternehmer eine noch angsteinflößendere Unterhaltung am familieneigenen Esstisch.

Das ist eine eigene Kultur – aber weit entfernt von der Digitalbranche. Das Einzige, was hier zählt, sind Geschwindigkeit und Fortschritt. *Move fast and break things* war nicht nur lange Zeit das Motto von Facebook, sondern beschreibt die Denkweise der gesamten Digitalisierung.

Dass all das nicht so richtig zusammenpasst, ist vielen Geschäftsführern und Managern schmerzlich bewusst. Nach einer Umfrage des Branchenverbandes Bitkom zählen 58 Prozent der mittelständischen Führungskräfte ihr Unternehmen zu den digitalen Nachzüglern. Nur jedes fünfte Unternehmen investiert in die Digitalisierung des eigenen Geschäftsmodells. Schon jetzt sind fast fünf Prozent der Befragten der Auffassung, gänzlich den Anschluss verloren zu haben. Zwölf Prozent sehen durch die Digitalisierung ihre Existenz bedroht. Von außen ist eine solche Selbsteinschätzung nur schwer zu bewerten – es fehlt der objektive Vergleich. Immerhin 38 Prozent der befragten

Unternehmen geben an, eine zentrale Digitalisierungsstrategie zu verfolgen. Auch wenn die Kriterien für eine adäquate Strategie offenbleiben. Fast die gleiche Anzahl, 37 Prozent, gibt an, mit der Digitalisierung gänzlich überfordert zu sein.

Unsere Stärken liegen einfach woanders ... die deutsche Wirtschaft ist anders aufgestellt. Aus historischen Handwerksbetrieben formten sich lokale Industriecluster. Noch heute lässt sich im beschaulichen Tuttlingen eine direkte Linie von der Feinmechanik der Schwarzwälder Uhrmacher zum heutigen Medizintechnikcluster ziehen. Das Gleiche gilt für die Messtechnik in Göttingen, die ihren Ursprung auf die mathematische Fakultät der Universität zurückführt. In Anlehnung an das Silicon Valley nennt man sich hier *Measurement Valley*. Deutschland hat dutzende solcher Cluster, die in ihrer Namensgebung allerdings nur selten mit Kreativität bestechen. Vom *Verpackungs-Valley* in Schwäbisch Hall über das *Materials Valley* im Rhein-Main-Gebiet bis hin zu obskuren Kreationen wie dem *Chicken-Valley* in Vechta oder dem *Ventilator-Valley* in Hohenlohe.[13]

Entsprechend ist auch das Prädikat Mittelstand im Wandel. Längst geht es um mehr als groß gewordene Handwerksbetriebe. Der Begriff umfasst ganze Industrien und *Familienbetriebe*, die in ihrer Größe und Geschäftstätigkeit keinem Konzern nachstehen.

Zur Einordnung: Von den 230 000 *Mittelständlern* in Deutschland schaffen 7000 mehr als 25 Millionen Euro Umsatz pro Jahr, 2000 mehr als 100 Millionen und 350 mehr als eine Milliarde. Insbesondere die kleine Gruppe der *Hidden Champions* treibt diese Umsätze in immer neue Höhen. Dabei handelt es sich um Weltmarktführer, die in der Öffentlichkeit weitgehend unbekannt sind. Kaum jemand verbindet den Namen Herrenknecht mit Tunnelvortriebsmaschinen oder Zöllner mit akustischen Signalanlagen. In Deutschland gibt es mehr als 1500 solcher *Hidden Champions,* mit im Durchschnitt 2265 Mitarbeitern und mehr als 70 Jahren Firmenhistorie. Diese *Hidden Champions* bilden das Idealbild des industriellen Mittelstands. Selbst in den großen USA gibt es gerade einmal 350 solcher Unternehmen. Frankreich kommt auf 111.[14]

Vermutlich versteht niemand die Entwicklungen des Mittelstands besser als Hermann Simon. Wenn der Mitbegründer der Unternehmensberatung Simon Kucher and Partners und ganz unironisch *Godfather of Mittelstands-Akademia* über Zulieferer und Maschinenbauer redet, beschreibt er diese als Tempel. Das Fundament besteht aus Kundennähe und Innovation, zwei Säulen aus globaler Vermarktung und Spezialisierung und das Dach aus der unanfechtbaren Marktführerschaft.[15] Und jetzt kommt die Digitalisierung und verändert alles.

Wenn sich die Kommunikationswege und -methoden im Zuge der Digitalisierung nun grundlegend ändern, muss der Mittelstand Wege finden, seine Kundennähe nicht nur zu erhalten, sondern auszubauen – etwa mit Online-Seminaren oder der gemeinsamen Analyse von bisher verschlossenen Sensordaten. Und das gilt auch für Marktführerschaft. Wir sind es gewohnt, Produkte erst auf den

Markt zu bringen, wenn sie absolut makellos sind. Digitale Produkte jedoch sind niemals wirklich *fertig*, sie müssen ständig weiterentwickelt werden, bekommen neue Features und werden an neue Nutzergruppen angepasst. Wie sieht da ein *perfektes* Produkt aus? Was bedeutet hier *Qualität*?

Ganz gleich, ob es die eigene Spezialisierung, die Kundennähe oder die Marktführerschaft ist. In jedem dieser Punkte führt die digitale Entwicklung zu einer Öffnung des Unternehmens nach außen. Zwangsweise. Daten werden geteilt, neue Partnerschaften eingegangen und die Marktführerschaft muss plötzlich offensiv kommuniziert werden, um neue Fachkräfte zu binden. Folglich sind die Anforderungen an den Mittelstand und die deutsche Wirtschaft für die großen Umbrüche der Digitalisierung deckungsgleich.

Diese Erkenntnis trifft auf eine deutsche Wirtschaft, die oftmals bewusst unter dem Radar fliegt. Uns geht es um gute Arbeit und Verlässlichkeit, nicht um Selbstdarstellung. Unsere Produkte waren Aushängeschild genug. Die geringe öffentliche Präsenz vieler Mittelständler lässt sich nicht allein darauf zurückführen, dass sich wirklich nur wenige Menschen für Etikettiermaschinen (Krones), Schaltschränke (Rittal) oder Aktuatoren (Festo) interessieren. Der Schleier der Verborgenheit wird bewusst über die eigenen Unternehmen gelegt. Weder die Wettbewerber noch die Kunden müssen wissen, wie erfolgreich man gerade ist – oder auch, wann es nicht so gut läuft. Es ist völlig okay, dass unsere Kenntnisse komplexer Apparaturen und globaler Märkte im allgemeinen Trubel um sensationelle Wirtschaftsschlagzeilen untergehen. Wir leben ein Bild des stillen, aber fleißigen Tüftlers.

Mit einer Ausnahme. Aber einer großen.

Made in China

Fast alle deutschen Unternehmen begriffen die Globalisierung zugleich als Chance und als Notwendigkeit. Während die starke Spezialisierung unserer Industrie die Märkte schrumpfen lässt, ließ die Globalisierung sie wieder wachsen. Je stärker sich ein Mittelständler auf seine Nische konzentriert, desto größer muss das Netz sein, um ausreichend Kunden an Land zu ziehen. Die Lürssen Werft in Bremen gehört zu den letzten Schiffbauern in Deutschland. Während 1980 in Deutschland noch gut 200 Schiffe pro Jahr zu Wasser gelassen wurden, waren es 2020 gerade einmal 20. Wer überleben will, muss besondere Produkte anbieten, die nicht von anderen hergestellt werden können. Also produziert man in der Lürssen Werft vor allem Luxusjachten. Aber in Deutschland gibt es nicht genügend Milliardäre, um diese Jachten zu verkaufen. Erst die Globalisierung macht diesen Markt groß genug, damit die rund 3000 Mitarbeitenden nicht ihren Job verlieren.

Und der Mittelstand ist zu Recht stolz auf seine globale Präsenz. Allein in China sind fast 5000 deutsche Unternehmen aktiv.[16] Der typische *Hidden Champion* besitzt fast fünfzig Auslandsgesellschaften, von denen knapp ein Drittel eigenständig produziert. Diese Gruppe erwirtschaftet fast die Hälfte ihres Umsatzes in *nicht westlichen Märkten*. Wie wichtig diese Ausrichtung ist, zeigen auch die mit bunten Fähnchen besteckten Weltkarten, die in vielen Geschäftsführerbüros an der Wand hängen und die Standorte des Unternehmens anzeigen.

Heinz Hankammer, Gründer von Britta Wasserfilter, erzählte immer gern, wie er sich persönlich in Shanghai in einen Drogeriemarkt postierte, um zu sehen, was auf dem chinesischen Markt funktioniert und was nicht. Dabei ist gerade die Expansion nach China für viele Mittelständler auch durch Misstrauen und Vorsicht geprägt. Es ist immer ein großes Wagnis, auch abseits der finanziellen Hürden. Die Gefahr der Industriespionage ist groß. Vom Kraftstofffilter über die Kettensäge bis zum kompletten Automobil. Viele Mittelständler berichten davon, dass nach einiger Zeit in China plötzlich ein direkter Konkurrent in der Nachbarschaft auftaucht.

Die Digitalisierung spielt eine Doppelrolle: Sie schafft in einem extremen Tempo neue Märkte und vergrößert alte Märkte zugleich drastisch.

Das stellt die Unternehmen vor eine gewaltige Herausforderung: Sie müssen sich verändern und Exportweltmeister bleiben. Im Mittelstand liegt die Exportquote nicht selten bei 80 Prozent. Ein aus der Not geborener Umbau wäre schmerzhaft und teuer. Der Wohlstandsverlust wäre drastisch. Wir reden nicht nur über Millionen Arbeitsplätze und das Ende von unzähligen Familienunternehmen. Wenn wir nicht weiter an einer globalen Welt teilnehmen, kommt das dem Ende des bisherigen Wirt-

Die Digitalisierung spielt eine Doppelrolle: Sie schafft in einem extremen Tempo neue Märkte und vergrößert alte Märkte zugleich drastisch.

schaftsstandorts Deutschland gleich. Und ob wir wollen oder nicht: Diese globale Welt wird in jeder Minute ein Stück weit digitaler.

Das Tempo nimmt jetzt schon zu. Was nicht heißen muss, dass Schiffe plötzlich schneller fahren, aber die kleinen Ungereimtheiten beim Löschen der Fracht, bei der Koordinierung der Lkws oder der Nachverfolgung einzelner Lieferungen nehmen deutlich ab, Reibungspunkte fallen weg. Hinzu kommt, dass neue Produkte oft deutlich schneller entwickelt und produziert werden können, als das noch vor ein paar Jahren der Fall war.

Die Märkte selbst werden größer und leichter erreichbar als jemals zuvor. Das ist für den Mittelstand zunächst eine gute Nachricht: Dank der neuen Kommunikationsmöglichkeiten wird es leichter, mit einer kleinen Mannschaft einen großen Markt zu bedienen. Es wartet eine ganze Welt unentdeckter Kunden auf Sie. Das allerdings erhöht auch den Druck.

Denn in jedem Land leben andere Kunden mit anderen Geschmäckern. Um in Asien erfolgreich zu sein, musste selbst Starbucks von Kaffee auf Tee umschwenken. Jeder Kunde kann plötzlich weltweit vergleichen und aus unzähligen Angeboten wählen. Und jeder Kunde erwartet, dass man auf seine ganz besonderen Bedürfnisse eingeht. Das gilt nicht nur für Endkunden, die alle ihren ganz individuellen Lebensstil bedacht wissen wollen. Das gilt auch für den Variantenreichtum in Vorprodukten, Maschinen und Anlagen. Wenn der Mittelstand immer tiefer in seine Nischen geht, werden auch hier die Anforderungen immer außergewöhnlicher. Wir leben inmitten der Massen-Individualisierung.

Und so wird die Globalisierung mit dem immer stärkeren Fokus auf digitale Technologie nur noch unwägbarer. Neben dem freien Verkehr von Gütern und Kapital, werden nun auch immer mehr Daten um den Planeten geschickt. Das McKinsey Global Institute, der Recherchearm der gleichnamigen Unternehmensberatung, schätzt, dass bereits heute fast ein Drittel der *Wertschöpfung durch Globalisierung* auf Daten zurückzuführen ist.[17] Ziemlich beeindruckend, wenn man bedenkt, dass der länderübergreifende Datenaustausch (zumindest im großen Stil) gerade einmal zwanzig Jahre alt ist.

Wo genau die Trennlinie zwischen Digitalisierung und Globalisierung verläuft, ist nicht eindeutig zu bestimmen: Technischer Fortschritt, Produkt- und Prozessinnovationen, die Zunahme in Schiff- und Luftfahrt, die Liberalisierung des Welthandels, eine weitreichende kulturelle Öffnung – alles greift ineinander. An die Stelle von einseitigen Lieferantenbeziehungen treten globale Wertschöpfungsnetze. Und alles wird von Milliarden von Sensoren und Unmengen an neuen Daten kontrolliert.

Globalisierung und Digitalisierung sind eng miteinander verwoben.

Während Unternehmensstrukturen und -beziehungen vor zehn oder zwanzig Jahren noch eindeutig definiert waren, ist heute nicht einmal mehr klar, wie man seine Maschinen am sinnvollsten in der eigenen Werkshalle anordnet. Es entstehen virtuelle Fabriken, die weit über die

Grenzen der eigenen Produktionshallen hinausgehen. Zusammenarbeit findet nun weit über Unternehmens- und Ländergrenzen hinweg statt.

Diese Entwicklungen sollten niemanden einschüchtern. Ganz im Gegenteil. Wenn sie eines belegen, dann die Tatsache, dass der deutschen Wirtschaft schon einmal der mutige Schritt in eine unbekannte Welt geglückt ist. Und das ist die Digitalisierung schließlich auch: *Neuland*.

04

Das Jahr-2000-Problem

Warum das Silicon Valley nicht als Vorbild taugt.

Rückwirkend betrachtet haben die Neunziger kein schlechtes Image. Wir denken an die Wiedervereinigung, das Ende der atomaren Bedrohung und an diese merkwürdige Spaßgesellschaft mit Oli P. und Dr. Alban.

Aber da haben wir kollektiv eine Menge verdrängt. Denn gleichzeitig verblasste in Deutschland der Traum von blühenden Landschaften. Innerhalb weniger Jahre erstickte die Treuhand jede ostdeutsche Hoffnung auf Wohlstand und Teilhabe. Das war die Zeit, als Hilmar Kopper, der damalige Vorsitzende der Deutschen Bank, eine fünfzig Millionen Mark schwere Handwerkerrechnung als Peanuts bezeichnete. Damit schuf er nicht nur das Unwort des Jahres 1994, sondern wurde zum Symbol für einen kalten Finanzmarktkapitalismus, der über den Atlantik zu uns schwappte. Massenentlassungen wurden an der Börse plötzlich mit Kurssprüngen gefeiert. Heuschrecken-Investoren verdienten Millionen damit, kerngesunde Unternehmen zu zerstückeln. Vorstandsgehälter gingen durch die Decke.

Während Deutschland als kranker Mann Europas verspottet wurde, war Gier gesellschaftsfähig geworden. *Tschakka – du schaffst es!* war das Gebot der Stunde. Und wir versackten im Rausch der New Economy. Jedes Unternehmen, das auch nur ein .de oder .com im Namen trug, wurde mit Millionensummen bewertet.

Aber der Glaube an eine neue Wirtschaft verpuffte genauso schnell, wie er gekommen war. Der Dotcom-Crash radierte nahezu den kompletten Börsenwert des Neuen Marktes aus. Skandal folgte auf Skandal. Von der Bilanzfälschung bis zur Anlegertäuschung war alles dabei. Vormals schillernde Wirtschaftsbosse, mit Namen wie Alexander Häfele und Bodo Schnabel, fanden sich hinter schwedischen Gardinen wieder. Der Neue Markt war Geschichte.

Das Beste, was man über Unternehmen wie Comroad, EM.TV, Gigabell oder Infomatec sagen kann: Sie gaben einen Funken Hoffnung, als die deutsche Wirtschaft am Boden lag. Die New Economy sollte eine Antwort auf die Herausforderungen einer global vernetzten Welt finden, zu der die alte Industrie nicht mehr in der Lage war. Als dann die Internetblase platzte, mischte sich in die Zukunftsangst auch eine Menge Schadenfreude.

Aber dafür gab es so wenig Grund wie für die dauernden Forderungen nach einem deutschen Silicon Valley.[18] Die Hoffnung war, dass die kalifornische Klickökonomie zu nachhaltigem wirtschaftlichen Wachstum verhelfen könne. Alle wünschten sich einen europäischen Digitalchampion. Aber niemand fragte, was das eigentlich bedeutet.

Geh aufs Ganze

Was in Deutschland passiert, wenn wir unserer Wirtschaft die Ideale des Silicon Valley aufzwingen, lässt sich in einem Wort zusammenfassen: Wirecard.

Jenem Dax-Konzern, der innerhalb einer einzigen Pressekonferenz vom digitalen Hoffnungsträger zum größten Bilanzskandal der deutschen Wirtschaftsgeschichte wurde. In seiner Blütezeit galt Wirecard als der größte Fintech Europas. Wirecard war sexy. Wirecard war öffentlichkeitswirksam. Und Wirecard war bis auf die Knochen korrupt. Im Juni 2020 musste das Unternehmen schließlich zugeben, dass zwei Milliarden Dollar, die in der Bilanz standen, gar nicht existierten. Der angeblich so gigantische Erfolg in Asien, Dubai, Singapur und auf den Philippinen, war komplett erlogen. Es war das erste Mal, dass einem deutschen DAX-Konzern die Prüfungsunterschrift unter der Jahresbilanz verwehrt blieb. Wirecard ging insolvent. Und mit ihm ein gewaltiger Teil der Glaubwürdigkeit des Wirtschaftsstandorts Deutschland.

Ich habe damals einige Jahre direkt mit Wirecard zusammengearbeitet. Für jeden, der es in die Zentrale nach Aschheim bei München schaffte, war es ohne Frage ein begeisterndes Unternehmen. Man spürte die Energie. Die Zukunft lag in der Luft. Wenn man im Empfangsbereich der Zentrale wartete, fand man dort eine einzigartige Mischung aus Computer-Nerds, City-Bankern und Start-up-Flair. Vom ungewaschenen Band-T-Shirt über den maßgeschneiderten Zweireiher lief alles über die Gänge. Und alle glaubten an den Erfolg: Ein deutsches Unternehmen, das mit 28 Milliarden Dollar bewertet war und dafür bloß ein paar Tausend Mitarbeiter benötigte.

Der Aufstieg von Wirecard begann bereits 2002, als das Unternehmen vornehmlich Zahlungen für Glücksspiel- und Pornoseiten abwickelte. Neben diesen Stammkunden gewann man Schritt für Schritt seriösere Kundschaft hinzu: Man wickelte die Zahlungen für große Supermarktketten und Fluglinien ab. 2005 ging Wirecard an die Börse und ersetzte 2018 die Commerzbank im DAX.

Mein Eindruck damals war der von sehr fähigen Mitarbeitern, die froh waren, endlich in einem Unternehmen zu arbeiten, in dem sie etwas bewegen konnten. Man wollte die Zukunft bauen. Geld war nie ein Problem. «Herr Garra, wir haben dieses Jahr 16 Millionen für neue Projekte, was können wir machen?» Solche Sätze hatte und habe ich seitdem in keinem Unternehmen mehr gehört. Jede Idee sollte umgesetzt werden. Da fällt es leicht, die Geschichte des eigenen Wachstums zu glauben.

Dabei waren es längst nicht nur die Mitarbeitenden, die zu lange weggeschaut haben. Politiker, Medien, Wirtschaftsverbände und die Börsenaufsicht – niemand kommt hierbei gut weg. Alle wollten den deutschen Champion. Endlich ein Unternehmen, das nicht nur die Digitalisierung beherrscht, sondern auch noch den ausgezehrten Finanzplatz Deutschland stärken kann. Statt die Anschuldigungen zu prüfen, die spätestens 2016 immer lauter wurden, wurde spekuliert, ob Wirecard nicht die Deutsche Bank übernehmen sollte. Zwischenzeitlich erstattete die Bundesanstalt für Finanzaufsicht (BaFin) Anzeige gegen die Journalisten, die es wagten, die Geschäfte Wirecards infrage zu stellen. Felix Hufeld, zu dieser Zeit Präsident der BaFin, musste später eine «Schande für Deutschland» eingestehen.[19] Peter Altmaier, damals Bundeswirtschaftsminister, gab unfreiwillig zu, dass man so ein Versagen überall erwartet hätte, nur nicht bei uns.[20]

Der Versuch, aus Deutschland eine Start-up-Nation zu machen, indem die Regierung, Verbände und Konzerne Millionen für den Versuch ausgeben, ein eigenes Silicon Valley aufzubauen, ist also sehr kritisch zu bewerten. Selbst wenn sie nicht im wirtschaftlichen Totalschaden endet, befeuert sie den Aufstieg einer neuen Zweiklassengesellschaft. Der Riss verläuft längst nicht mehr nur zwischen *Digital Natives* und *Digital Immigrants* – also zwischen jenen Menschen, denen digitale Technologie in die Wiege gelegt wurde, und jenen, die noch ohne Smartphone aufgewachsen sind. Wir sehen eine ganz neue Verwerfung. Auf der einen Seite Menschen, die verzweifelt versuchen, für sich und ihr Unternehmen mit den Folgen der Digitalisierung fertigzuwerden. Und auf der anderen Seite eine neue *digitale Boheme*, die Café Latte mit Hafermilch schlürft und einen beispiellosen ökonomischen Boom erlebt. Das ist eine neue *gauche caviar*[21], die ständig etwas von der wirtschaftlichen Befähigung durch Technologie redet, allerdings um den Preis, dass der Rest von uns zum gläsernen Konsumenten degradiert wird.

Auch die deutsche Start-up-Szene in Deutschland passt in dieses Bild. Bei den meisten Unternehmen, die hier gegründet wurden, handelte es sich um einen Online-Shop für Kleidung, Essen oder Haustierkram. Echte Innovation sieht man selten. Selbst vermeintlich disruptive Unternehmen verbrennen Unsummen an Geld, ohne dabei wirklich von der Stelle zu kommen. Ein gutes Beispiel ist der Lebensmittellieferant Gorillas, der damit prahlt, einen Einkauf in nur wenigen Minuten vor die Tür zu liefern – dabei handelt es sich eigentlich nur um einen Supermarkt mit Fahrradkurieren. Solche Start-ups funktionieren alle nach den bekannten Silicon-Valley-Prinzipien: Wachstum ist wichtiger als Profit. Die Mitarbeiter werden möglichst schlecht bezahlt. Ein durchdachtes Geschäftsmodell ist zweitrangig. Alles in der Hoffnung, irgendwann einmal groß genug zu sein, um mit dem Verkauf von Einhorn-Aktien schnelles Geld zu machen.

Der Versuch, das Silicon Valley zu kopieren, scheitert nicht allein am Talent oder am Geld. Das Umfeld fehlt und die Historie. Die Amerikaner sind unschlagbar bei Konsumgütern – wir bauen die besten und komplexesten Maschinen der Welt. Das ist es, worauf wir unsere Digitalisierung aufbauen müssen – ganz ohne *Valley*.

Tatsächlich gibt es einen kleinen Silberstreifen am Horizont: Der Fokus bewegt sich weg aus Berlin, stattdessen sieht man immer mehr Gründungen in Aachen, Darmstadt oder Karlsruhe – meist im Umfeld von wirklich guten technischen Universitäten.[22] Und die hier gegründeten Unternehmen haben auffällig wenig mit Konsumgütern zu tun. Start-ups wie Lilium, Navvis, Celonis oder Konux schlagen die Brücke zwischen harter Ingenieurskunst und neuen digitalen Technologien. Sie machen das, was wir in

Deutschland gut können. Zwischen fliegenden Autos, 3-D-Karten, Prozesssteuerung und Schienenverkehr fühlen wir uns wesentlich heimischer als zwischen Klamottenbergen und leeren Pizzakartons.

Das Valley ist nicht nur stark wegen einer herausragenden technischen Expertise oder der hohen Risikobereitschaft. Der Erfolg lässt sich ebenso auf den Angriff auf die Unternehmen zurückführen, die einmal das Rückgrat der US-Wirtschaft bildeten. Amazon zerlegt den kompletten Einzelhandel, Airbnb die Hotelbranche, Tesla drängt Ford und GM in die Ecke und dann haben wir noch nicht über das Ende der freien Presse durch Facebook und Google gesprochen. Solange wir in Deutschland nicht bereit sind, Volkswagen, Siemens oder die Allianz zu opfern – auch zum Preis von Hunderttausenden Arbeitsplätzen –, sollten wir uns mit dem Ruf nach einem deutschen Silicon Valley besser zurückhalten.

In einem oft zitierten Satz des höchst umstrittenen Tech-Investors Peter Thiel, wird die große Kluft zwischen Fortschritt in der digitalen und der echten Welt deutlich: *«Wir wollten fliegende Autos, stattdessen bekamen wir 140 Zeichen.»* Und er hat recht: Während wir das Wissen der Welt in unserer Tasche tragen und alles mit einem einzigen Knopfdruck an unsere Haustür bestellen können, sind die Fortschritte in der analogen Welt erstaunlich klein.

Zumindest im direkten Vergleich ist die physische Welt deutlich in die Jahre gekommen. Wir verbrennen weiter Kohle, fahren Autos mit Benzin und nutzen Züge, die in

Es gibt mehr als
nur die *eine* richtige
Digitalisierung nach
amerikanischem
Vorbild. Die Ent-
scheidung, vor der
wir stehen, heißt nicht
Silicon Valley oder
analoge Vergangenheit.

den Siebzigerjahren entworfen wurden. In einer ehrlichen Betrachtung ist der Großteil der Erfindungen unseres Alltags gute hundert Jahre alt – egal ob Waschmaschine, Fernseher oder Heizung. Nahezu alles, was der Mittelstand baut, ist in die Jahre gekommen. Ist das nicht unsere Chance?

Stattdessen fällt uns wenig Besseres ein, als den Technologien der vergangenen zwanzig Jahre nachzueifern, während die großen Digitalkonzerne ihre Marktmacht weiter ausbauen. Politisch gut gemeinte Projekte wie die «Digital Dekade» oder die europäische Cloud «Gaia X» lesen sich wie abgeschriebene Schularbeiten – nicht originell, wenig durchdacht und mit mehr Fehlern als im Original.

Es gibt mehr als nur die *eine* richtige Digitalisierung nach amerikanischem Vorbild. Die Entscheidung, vor der wir stehen, heißt nicht Silicon Valley oder analoge Vergangenheit. Es gilt, wie Trumpf oder ASML den Weg einer modernen Industrie zu gehen und die eigenen Stärken in eine digitale Zukunft zu überführen.

Noch sind wir jedoch ein Land der robusten Industrie – mit versierten Automobilzulieferern und familiengeführten Maschinenbauern. Der frühere Bundespräsident Roman Herzog wird gern damit zitiert, dass ein Garagenbetrieb, also ein Start-up, bei uns schon an der Gewerbeaufsicht scheitern würde.[23] Aber das ist falsch. Unsere Garagen haben nicht einmal Zugang zum Internet.

Aus der Nische zum Erfolg

Es gibt Regionen, die zeigen, dass man auch andere Wege einschlagen kann – zum Beispiel Shenzhen in China. Die Stadt war über Jahre als Hauptstadt der Niedriglohn-Produktion verschrien. Und für die meisten Beobachter war das Schicksal der Stadt damit von Anfang an besiegelt. Denn wer mit dem Aufzug der Globalisierung nach oben fährt, fährt mit dem gleichen Aufzug auch wieder herunter: Sobald die Lohnkosten steigen, ziehen die Fabriken weiter. Die Wegwerfprodukte für den westlichen Markt würden dann an irgendeinem x-beliebigen Ort billiger produziert werden. Und Shenzhen würde ein weiteres Mal im Brackwasser des Perlflusses versinken.

Nur dass dies bis heute nicht eingetreten ist. Entgegen jeder Prognose ist Shenzhen bis auf Weiteres die Produktionshauptstadt der Welt. Aus den billigen Arbeitern sind Elektronik- und Prozessexperten geworden. Aus einer einfachen händischen Produktion am Fließband sind komplexe Prozesse für die massentaugliche Elektronikherstellung geworden. Jeder von uns hat ein Handy, einen Laptop oder Fernseher aus Shenzhen in der Wohnung. In der Region verschmelzen digitale und analoge Technologien fast nahtlos miteinander und liefern so eine Antwort auf die Frage, wie man abseits der bekannten Digitalkonzerne erfolgreich sein kann. Shenzhen beweist, dass eine digitale Industrie möglich ist. Die örtlichen Unternehmen sind unglaublich gut darin, neue Technologien und Maschinen effektiv in die Produktion einzubringen. Das kann niemand auf der Welt besser. Aber kaum ein Unternehmen dort hat die Zeit oder das Know-how, die Grundlagentechnologien dahinter zu entwickeln. Dafür ist der Kostendruck zu hoch und die Welt dreht sich zu schnell.[24]

Aber genau das ist die Lücke. Sie ist wie gemacht für den deutschen Mittelstand. Denn irgendjemand muss die Maschinen bauen, die den Fortschritt in Shenzhen und anderswo begründen. Und genau dort setzt unsere Digitalisierung an.

Die Herausforderung liegt darin, einen eigenen Weg durch die digitale Welt zu finden – das gilt besonders für die Industrie. Denn auch wenn es im digitalen Trubel gern untergeht, brauchen wir echte Unternehmen, die echte Dinge für die echte Welt herstellen. Wir brauchen den Mittelstand. Besser noch: Wir brauchen den digitalen Mittelstand.

Wie kommen wir dahin? Der Mittelstand muss in der Lage sein, eine eigene Strategie zu entwerfen, die auf seinen eigenen Stärken aufbaut. Er muss ein tiefgreifendes Verständnis für die Flut an Daten entwickeln und in der Lage sein, eigenständige Technologieentscheidungen zu treffen. Und er muss einen Weg finden, die richtigen Fachkräfte für sich zu gewinnen und Arbeit und Abläufe in Unternehmen zukunftssicher aufzustellen.

Das sind alles keine leichten Aufgaben. Aber die Antworten, die auf diesem Weg gefunden werden, rücken endlich wieder den Mittelstand in das Zentrum der Betrachtung.

Das ist der Weg nach vorn.

Teil 2

Der Weg durch die Digitalisierung

05

Strategie, und?

Braucht der Mittelstand wirklich eine eigene Digitalstrategie?

Wer einmal die Entscheidung getroffen hat, sich der Digitalisierung zu stellen, benötigt einen Plan. Besser noch, eine Strategie.

Allerdings ist der Mittelstand auf diesem Feld nicht sonderlich bewandert. Kleinlich ausgearbeitete Analysen und glänzend polierte Präsentationen liegen ihm nicht. Die Verwissenschaftlichung der Unternehmensführung ist etwas für Theoretiker – für Berater und Professoren und vielleicht noch für große Konzernlenker, die ihre Leute nicht persönlich kennen. Strategie, Planung und Führung sind im Mittelstand deutlich mehr Handwerk als Zahlenschieberei. Hier *macht* man lieber, als zu planen. Und das ist gut so. Auch in der Digitalisierung.

Für eine mittelständische Strategie braucht man Hingabe, Urteilsvermögen und ein gutes Gespür für die eigenen Leute – auch wenn sich das alles kaum mit großen Datensätzen messen lässt. Aber das *Anpacken* kommt mit der Digitalisierung nicht aus der Mode. Im Gegenteil. Richtig ausgespielt kann dieser hemdsärmelige Strategieansatz zu einer großen Stärke werden und zum ersten Baustein einer eigenständigen Digitalisierung.

Immer wieder melden sich Branchenverbände und Experten, die den Mangel an ellenlangen Strategiepapieren als Schwäche auslegen wollen. Je nach Umfrage haben nur zehn bis dreißig Prozent aller mittelständischen Unternehmen eine ausformulierte Unternehmensstrategie.[1] Und selbst wenn sie eine haben, sei diese wahlweise nicht komplex genug oder viel zu kompliziert.[2] Offenbar kann man nichts richtig machen. Dabei folgen die meisten Digitalstrategien einem ziemlich einfachen und ziemlich flachen Muster:

Schritt Nummer eins: die Apokalypse. Zeigen Sie auf, dass Ihre Branche dem Untergang geweiht ist. Eigentlich gibt es keine Chance, die digitale Transformation zu überstehen. Die Zukunft ist angsteinflößend, gefährlich, unberechenbar und bedrohlich. Malen Sie ein düsteres Bild: Die Techkonzerne sind zu mächtig. Die Start-ups zu agil. Der Wandel ist zu schnell. Stellen Sie Prognosen auf, die den Umsatz einbrechen lassen. *Die goldenen Zeiten sind vorbei.*

Damit kommt Teil zwei: das Ende des Weges. So wie bisher kann es schließlich nicht weitergehen. Sie haben erkannt, dass die jetzigen Prozesse in Ihrem Unternehmen nicht mehr zeitgemäß sind. Unter der gegenwärtigen bürokratischen Last kann man nur zusammenbrechen. Ein *Weiter so* darf es nicht geben.

Dann folgt Numero drei: Bringen Sie Licht in den Tunnel – jede große Veränderung bietet schließlich auch Chancen. Ja, es gibt eine digitale Revolution in Ihrer Branche. Aber Sie werden Ihr Unternehmen an die Spitze dieser Revolution stellen. Machen Sie sich an dieser Stelle aber bloß nicht die Arbeit, zu sehr ins Detail zu gehen. Beschreiben Sie mit blumigen Worten eine wunderschöne neue Zukunft: Eine neue Unternehmensstruktur und eine neue Unternehmenskultur, in der die Mitarbeiter gemeinsam Großes erreichen. Gemeinsam werden Sie das Unternehmen retten!

Abschnitt Numero vier: Es darf keinen Zweifel geben, dass Ihr Unternehmen perfekt für die kommenden Herausforderungen positioniert ist. Idealerweise stellen Sie ein oder zwei *Digital Minds* ein, auf deren Schultern Sie die Hoffnung des Unternehmens ablegen können. Falls das Geld für Neueinstellungen fehlt, kann man die bestehenden IT-Abteilungen auf die Bühne schieben.

Und zum Abschluss Schritt fünf: Als Messias runden Sie das inhaltslose Trara ab. Sie unterstreichen Ihre persönliche Kompetenz als Führungskraft. Nur mit Ihrer persönlichen Autorität und Erfahrung wird es möglich sein, die Veränderungen der kommenden Jahre zum Erfolg zu führen. Schließlich kommen die ganzen Ideen, Vorhaben und Projekte nicht von irgendwoher!

Ich hoffe sehr, Sie nehmen den obigen Ansatz mit einem Augenzwinkern. Denn es gibt durchaus Gründe, eine solche Strategie zu entwerfen. Sie kann helfen, Eigentümer und Belegschaft von der Notwendigkeit der Digitalisierung zu überzeugen, und bei Kunden und Konkurrenz den Eindruck einer technischen Vorreiterposition stärken.

Und es gibt einen weiteren positiven Aspekt: Die ablehnende Haltung vieler Unternehmen gegenüber der Digitalisierung bröckelt in der Regel, sobald man sich auch nur alibimäßig mit ihr beschäftigt. Es werden wirtschaftliche Chancen sichtbar, die bisher verborgen blieben. Auch eine Fake-Strategie kann zum Eintrittstor für die digitale Zukunft werden.

Plattformung

Im Kern bedeutet strategisches Denken nicht mehr, als sich tiefgreifend mit einer unübersichtlichen Welt auseinanderzusetzen. Man stellt die immer gleichen Fragen und bekommt doch immer neue Antworten. Das gilt besonders in der Digitalisierung, die bisher nicht so recht in die bekannten unternehmerischen Schablonen passen will.

Dabei ist es kein Zufall, wie der Mittelstand an dieses Thema herantritt. Das hat System und es hat sich bewährt. Anstelle der konzernüblichen Powerpointgewitter entwickelt der Mittelstand seine Strategie in einem fortlaufenden Prozess, als Ergebnis vieler einzelner Handlungen, die in einem grob gesetzten Rahmen zusammenfließen. Der Raum für ständige Anpassungen und flexible Lösungen wird bewusst groß gehalten. Statt immer neue Szenarien zu berechnen, lässt man bewusst Lücken, die von Mitarbeitern in Eigenverantwortung geschlossen werden. In einer unplanbaren Welt scheint das der bessere Ansatz zu sein, ganz gleich wie viele neue datengetriebene Planungsmechanismen nun verfügbar sind. Der Ökonom Henry Mintzberg bezeichnete dieses Vorgehen als *emergente Strategie*.[3] Sie ergibt sich aus dem, was man tut. Damit liegen

Worte und Taten im Mittelstand möglichst nahe beieinander.

Die allermeisten Unternehmen haben doch längst mehr als eine Generation der Informationstechnologie erlebt. Sie sind erfolgreich von Lochkarten auf Mainframes und auf virtuelle Server gewechselt. Alles, ohne das bestehende Geschäft in Gefahr zu bringen. Warum sollte die Fortführung dieser Entwicklung plötzlich zu einem strategischen Paradigmenwechsel führen?

Inmitten des digitalen Trubels vergisst man leicht, dass ein Großteil von dem, was wir unter Strategie verstehen, unverändert bleibt. Wir sprechen weiter von Geschäftseinheiten, Abteilungen, Branchen und von Industrien. Und am Ende des Tages kommt man als Unternehmen nicht umhin, Geld zu verdienen.

Damit erscheint die Idee einer mittelständischen Digitalstrategie in einem neuen Licht. Es geht nicht mehr darum, sich in komplexe Analysen und Planungen zu retten. Die Idee muss nun lauten, den *emergenten* Ansatz in die digitale Welt zu überführen.

Die Losung dafür heißt *Plattform*.

Der Plattformgedanke dringt inzwischen tief in die Industrie ein. Plötzlich sind alle Maschinen und Mitarbeiter miteinander vernetzt. Das Unternehmen öffnet sich für neue Kunden und neue Partner. Auch wenn eine klare Definition noch schwierig ist und es selbst vielen Experten schwerfällt, den Begriff aus der IT-Branche zu lösen. Sogar der Bundesverband der Industrie spricht in der Regel noch von reinen Softwareprodukten.[4] Große Techgiganten, wie Facebook, Uber oder Airbnb verzerren das Bild weiter. Denn in dieser Plattformwelt stellt niemand wirklich etwas her. Aber nur weil viele der erfolgreichsten Techunternehmen Plattformen sind, heißt das nicht, dass jede Plattform auch ein reines Techunternehmen sein muss.

Die beiden US-Ökonomen Andrei Hagiu und Julian Wright finden eine deutlich weiter gefasste Definition des Begriffs. Für sie ist jedes Unternehmen eine Plattform, das Mehrwerte schafft, indem es zwei oder mehr Nutzer- und Kundentypen zusammenbringt.[5] Mit dieser Definition lässt sich auch im Mittelstand arbeiten. Denn sie ermöglicht, zwischen zwei verschiedenen Arten von Plattformunternehmen zu unterscheiden. Zwischen den Unternehmen, die selbst Plattform sind. Also den Airbnbs und Ubers dieser Welt. Und den Unternehmen, deren einzelne Produkte sich zu Plattformen zusammenfügen. Wenn also Maschinen, Anlagen oder ganze Werke verschiedenste Nutzer zusammenbringen.

Bei Letzteren, also bei Industrieprodukten als Plattform, muss noch eine weitere Unterscheidung gemacht werden. Es geht nicht einzig darum, Applikationen von Drittanbietern mit der eigenen Maschine zu vertreiben oder Abo-Modelle zu verkaufen. Nur wenige Autoteile benötigen eine App. Es geht darum, das Produkt, also beispielsweise die Maschine, als Teil einer größeren Plattform zu sehen.

Die digitale Plattform wird damit zur Fortführung des mittelständischen Cluster-Gedanken mit neuen technischen Mitteln. Man wird zum Puzzlestück in einer größeren Zulieferer- oder Industrieplattform, zum Teil eines regionalen und/oder fachbezogenen Netzwerks.

Das ist längst keine theoretische Übung mehr. Das Unternehmen Laserhub aus Stuttgart ist genauso eine Industrieplattform. 2017 gegründet, führt Laserhub die metallverarbeitende Industrie neu zusammen. Das ist eine Branche mit enormen Reibungsverlusten. Allein in Europa gibt es mehr als 15 000 Unternehmen, die in irgendeiner Form Metallteile herstellen und bearbeiten, mit selten mehr als fünfzig Mitarbeitern. Das sind Zulieferer von Zulieferern. Auslastungen schwanken drastisch. Gute Preise findet man kaum. Nicht selten werden Angebote noch per Telefon und Fax abgestimmt und dann rausverhandelt.

Was Laserhub gemacht hat, gleicht einer kleinen Revolution. Man hat eine internetgestützte Plattform entwickelt, auf der Produzenten und Kunden zusammenkommen. Eine normierte Schnittstelle verknüpft Anbieter und Nachfrager vollautomatisch. Egal, ob Laserschneiden, CNC-Fräsen oder Biegen und Abkanten. Daran sind heute schon mehr als 1700 Unternehmen beteiligt.[6] Die ganze Branche wird neu miteinander verknüpft.

Genauso wie ab den Achtzigerjahren das *Lean Manufacturing* in deutsche Fabriken Einzug hielt, kommt jetzt die *Plattform*. Dort, wo die schlanke Produktion *Low-Tech*-Möglichkeiten ausnutzt, füllt die Digitalisierung die *High-Tech*-Lücken. Beide Welten, Industrie und digitale Plattformen, sind sich näher, als man denkt. Tatsächlich findet sich der Ursprung dieses Gedankens in der Industrie.

Wir schreiben das Jahr 1967 und General Electric (GE), damals eine der größten Firmen der Welt, hatte ein Problem. Eines, mit dem auch heute noch viele Unternehmen kämpfen: Nachfrageschwankungen.[7] In manchen Monaten waren die Auftragsbücher so voll, dass man kaum nachkam. In anderen Monaten standen die Arbeiter Däumchen drehend um den Kaffeeautomaten.

Wenn etwa der Bedarf an Toastern um ein paar Prozentpunkte anstieg, hatte das gravierende Folgen. Man benötigte Wochen, um die Produktion hochzufahren. Zulieferer wurden angehalten, so viele Teile wie möglich zu liefern. Die Personalplanung wurde auf den Kopf gestellt und dann mussten die ganzen Toaster auch noch mit zusätzlichen Lkws verschifft werden. Der Aufwand war gewaltig. Und bis dahin blieben die Toaster so knapp, dass die Geschäfte – zur Sicherheit – noch ein paar mehr bestellten. Produktionsverzögerungen trieben die Nachfrage nur noch weiter in die Höhe. Und für General Electric wurde es immer schwieriger, Produktion und Nachfrage übereinanderzulegen.

Um dieses Problem zu lösen, holte man Jay W. Forrester an Bord. Während des Zweiten Weltkriegs hatte Forrester die ersten rudimentären Flugcomputer für die US-Marine gebaut. In den Fünfzigern entwickelte er ein digitales Adresssystem für Computerspeicher und schuf die erste Computeranimation in der Geschichte: einen springenden Punkt auf einem Oszilloskop. Für General Electric war Forrester der ideale Kandidat, um der lästigen Nachfragefluktuation ein Ende zu setzen.

Forrester erinnerte das Problem an die servomechanischen Kontroller, die er im Krieg entwickelt hatte. Er sah die Produktion als eine große Maschine – mit einer miserabel verbauten Servoeinheit. Was diese besonders macht, ist ein Sensor, der die Ist-Situation ständig mit der Soll-Situation vergleicht. Wie ein Thermostat an der Heizung, das allerdings nie zur rechten Zeit ausschlägt. Entweder, man schaltet die Heizung viel zu spät an und es wird nicht richtig heiß oder man schaltet sie zu spät aus und der Raum wird zur Sauna. Der Sensor (die Nachfrage) schlug viel zu spät aus. Die Reaktion der Produktion war verzögert. Und beides schaukelte sich immer weiter auf: Je mehr man versucht, gegen diese Schwankungen zu planen, desto größer wird die Lücke zwischen Nachfrage und Angebot.

Schon diese Erkenntnis war 1967 ein Fortschritt. Die Art, wie Forrester diese erlangte, glich allerdings einer Revolution. Er hatte ein Computerprogramm erstellt, das Zahlen zu Produktion, Belegschaft, Warenlager und Auftragsstau gemeinsam betrachtete. Das hatte es bis dato nicht gegeben. Und die Ergebnisse des Modells waren erschreckend. Selbst bei einer absolut konstanten Auftragslage kommt es immer noch zu Schwankungen – das Problem lag bei General Electric selbst. Forresters Empfehlung gilt heute wie damals: Man muss langsamer auf Nachfragesprünge reagieren – nicht schneller.

Mit seiner Arbeit führte Forrester Ingenieursarbeit, IT und unternehmerische Entscheidungen zusammen und begründete somit ein gänzlich neues Feld: die *System-Dynamik*, also die ganzheitliche Analyse und Modellierung von komplexen dynamischen Systemen.[8] Sie bildet heute das Fundament für die moderne Software-Entwicklung und jede Plattformstrategie, die damit einhergeht. Sie befasst sich mit der Frage, wie ein stabiler Betrieb unter konstanter Veränderung möglich ist.

Wenn in der Industrie über Strategien wie *Industrie 4.0* oder *Smart Factory* gesprochen wird, ist genau das gemeint. Technologie und die Arbeitsweise, die damit einhergeht, liefern die Steilvorlage für die eigene Unternehmensstrategie: Man entwickelt sich Schritt für Schritt weiter. Das Wissen geht tiefer als jemals zuvor und es ist leichter als jemals zuvor, dieses Wissen zu teilen.

Und so treten an die Stelle verschlossener Unternehmen offene Industrie-Plattformen, die den Austausch von Daten zwischen Maschinen, Mitarbeitern und Unternehmen in Echtzeit möglich machen. Es ist billiger denn je, Fabriken virtuell zu verbinden, sich um neue Aufträge zu bewerben oder neue Lieferketten zu bilden. Unternehmensgrenzen verschwimmen und die Industrie ist immer seltener Einzelkämpfer.

Und all das bedeutet, dass der Mittelstand seinen Stärken und seinem Strategieansatz in der Digitalisierung im Kern treu bleiben kann. Oder, um es mit Richard Rumelt, emeritierter Professor für Strategie an der Universität von

Kalifornien, zu sagen: *Wenn Sie wissen, wie man einen groß-artigen Motor baut, kann ich Ihnen in wenigen Tagen alles bei-bringen, was Sie über Strategie wissen müssen. Wenn Sie aber einen Doktor in Strategie haben, ist es unwahrscheinlich, dass Sie jemals in der Lage sind, einen guten Motor zu bauen.*[9]

06

Datenautobahn

Wie kann der Mittelstand sinnvoll Daten nutzen?

Es ist ein heißer Tag im Juli. In einem grauen Besprechungsraum von vielen. Selters steht auf den Tischen. Es gibt Packungskekse mit einem freudlos-trockenen Klecks Marmelade. Schläfrige Gesichter um und mit Kaffee gefüllte dunkel-silbrige Isolierpumpkannen auf dem Tisch, Präsentation folgt auf Präsentation. Heute geht es um *Customer Relationship Management Systeme* – um CRMs. Software, mit der Unternehmen ihre Kundenbeziehungen managen. Es handelt sich um digitale Sammelpunkte für Visitenkarten, Kundenprofile und Verkaufsmöglichkeiten. CRMs geben einen Überblick über den Stand von Verkaufsgesprächen und liefern die Grundlage für Umsatzprognosen. So weit, so gut.

Ein paar kleinere Anbieter stellen ihre Lösungen vor – sie nehmen ein bestehendes System von SAP, Salesforce oder Microsoft als Basis und entwickeln besondere Zusatzfunktionen oder bestimmte Branchenlösungen hinzu. Aber es machen sich nur wenige Menschen im Raum Notizen. Erst der vorletzte Vortrag lässt mich aus meinem höflich gespielten Interesse aufschrecken. Habe ich richtig gehört? Meint der das ernst?

Der leicht rundliche Geschäftsführer einer kleinen

Softwarebude spricht plötzlich von Körpermerkmalen und Gesichtszügen. Er gestikuliert stolz und erklärt, wie man körperliche Merkmale der Kunden in seinem CRM hinterlegen kann: Größe, Hautfarbe, runde und eckige Gesichter, Stups- oder Hakennase – alles gar kein Problem. Ich frage, ob das ein Scherz sei. Aber der glatzköpfige Geschäftsführer präsentiert mit ganzer Überzeugung weiter: Endlich habe man eine Möglichkeit gefunden, sowohl körperliche als auch charakterliche Kundeneigenschaften in datenklare Verkaufsmöglichkeiten zu wandeln.

Dieser schweißgetränkte Mittfünfziger hielt das für eine völlig vertretbare Idee, so auf den Charakter eines Menschen zu schließen. Das Ziel dahinter sei, die Kommunikation mit dem Kunden bestmöglich abzustimmen. Jeder Kunde soll so adressiert werden, wie es seinem Charakter entspricht: kumpelhaft oder seriös, zahlenorientiert oder mit großen Visionen, kurz gehalten oder lang ausformuliert.

Wenn Sie jetzt denken, wie bescheuert das ist, haben Sie recht. Man bediente sich einer nicht totzukriegenden Pseudowissenschaft: der Physiognomik. Dabei handelt es sich um einen unhaltbaren, unbelegbaren und schlichtweg menschenverachtenden Ansatz, mit dem in der Kolonialzeit die Sklaverei und im Nationalsozialismus die Rassenkunde gerechtfertigt wurde. Es gibt keine einzige wissenschaftlich fundierte Studie, die Physiognomik unterstützt.

In der Digitalisierung stolpert man immer wieder über unbeholfene Versuche, menschliches Verhalten in rationale Daten zu wandeln.

Das mag ein extremes Beispiel sein. Aber in der Digitalisierung stolpert man immer wieder über unbeholfene Versuche, menschliches Verhalten in rationale Daten zu wandeln. Der Wunsch nach einem digitalen Geheimsystem, mit dem man die Welt komplett durchleuchten kann, bekommt immer wieder neuen Auftrieb. Aber nicht alles lässt sich in Nullen und Einsen teilen.

Bis vor wenigen Jahren war es gar nicht so leicht, Daten für Unternehmen nutzbar zu machen. Schon das Sammeln war extrem arbeitsintensiv. An Big-Data-Analytics war nicht zu denken. Komplexe Szenario-Planung und Branchenprognosen waren fast ausschließlich den großen Konzernen vorbehalten. Diese Hürden sind durch die Digitalisierung weitgehend verschwunden. Rechenleistung ist (fast) unendlich. Software ersetzt die hohen Personalanforderungen. Kundenumfragen und Prozessanalysen finden in Echtzeit statt.

Aber wie genau funktionieren Daten?

Schwarzes Gold

Das World Economics Forum (WEF) prognostizierte bereits im Jahr 2011, dass Daten zu einer eigenen Anlageklasse in der Bilanz von Unternehmen werden. Als eine eigene Mischung aus privatem und öffentlichem Gut. Etwas, von dem Unternehmen profitieren, das aber gleichzeitig wie Wasser, Luft oder Sonnenlicht der Gesellschaft zur Verfügung steht. Denn Daten haben externe Effekte. Sie verursachen Kosten und Nutzen bei Dritten. Gleichzeitig ist oft die Rede davon, dass Daten wahlweise wie neues Gold in unseren Tresoren schimmern oder wie flirrendes Öl unseren Fortschritt befeuern. Wie passt das alles zusammen?

Einerseits verhalten sich Daten für Unternehmen tatsächlich wie jede andere natürlich vorkommende Ressource auch. Man kann mit ihnen handeln und man kann sie in eigenen Speichern lagern. Wie Öl müssen Daten gereinigt, raffiniert und aufbereitet werden. Und auch der Handel mit Daten blüht. Weltweit werden jährlich mehr als 200 Milliarden Dollar damit verdient.[10] Inzwischen gibt es eigene Marktplätze, auf denen Informationsströme abonniert, Lizenzen gebucht und wie auf dem Finanzmarkt gewettet werden kann. *Data Broker* erstellen persönliche Nutzerprofile und verkaufen sie anschließend meistbietend.[11]

Im Gegensatz zu vielen anderen natürlichen Ressourcen kann man Daten aber nur schwer besitzen. Sie gehören oft mehr als nur einer Person oder einem Unternehmen. Wem gehören etwa die Informationen über Unternehmen, die auf einer Handelsplattform wie Alibaba zusammengefunden haben? Den beiden Geschäftspartnern? Der Plattform? Oder allen zusammen?

Zuletzt taugen Daten nur sehr begrenzt als Wertspeicher, wie etwa Gold.

Erstens sind Daten leichter zu produzieren. Sobald man einmal Daten besitzt, kostet es (fast) nichts, diese Daten zu kopieren oder ans andere Ende der Welt zu transportieren. Alles, was es dazu braucht, sind ein paar Mausklicks.

Zweitens: Daten können an Wert gewinnen, ganz unabhängig von Börsenspekulationen – gerade dann, wenn man sie mit anderen Daten zusammenfügt.

Drittens: Daten haben das Potenzial für neue Geschäftsmodelle. Wir wissen sehr genau, wie man aus Gold wirtschaftlichen Nutzen ziehen kann. Für Daten ist diese Frage noch nicht abschließend geklärt. Wir können uns zwar sicher sein, dass Daten zu einer Beschleunigung der wirtschaftlichen Entwicklung führen, aber wie genau das geschehen wird, ist offen. Niemand weiß, welche Daten sich als Nährboden für zukünftige Innovationen entpuppen und welche nutzlos sind.

Und damit kommen wir zum Punkt vier: Gold ist ein absolutes Gut. Gold ist Gold. Es mag unterschiedliche Qualitätsgrade und Anwendungsfelder geben, aber der zugrunde liegende Wert ist immer gleich. Was da ist, kann man auch benutzen. Das ist bei Daten anders. Denn oftmals sind die Lücken in einem Datensatz aussagekräftiger als die Daten selbst.

Auch deshalb können große Mengen an Daten für Unternehmen mit begrenzten Möglichkeiten schnell toxisch werden – ganz gleich, wie weit die Digitalisierung voranschreitet. Je mehr Daten ein Unternehmen analysiert, desto schlechter wird das Verhältnis von sinnvollen Erkenntnissen zu abstrusem Wirrwarr. Der Mehraufwand steuert Unternehmen mit großer Wahrscheinlichkeit in eine von zwei Sackgassen. Entweder die Entscheidungswege brechen unter dem Datenballast zusammen oder das Unternehmen entwickelt Neurosen. Dann wird gar keine

Entscheidung mehr getroffen. Stattdessen verläuft sich das Unternehmen in Klein-Klein-Diskussionen. Jedes Detail wird überanalysiert, jede Mücke zum Elefanten erklärt. An die Stelle einer disziplinierten Entscheidungsfindung tritt ein Datenrausch, der süchtig macht. Winzige wirtschaftliche Rückschläge fühlen sich plötzlich an, als stünde man vor der Insolvenz. Je mehr Daten vorliegen, desto interventionistischer wird das Unternehmen. Man mikromanagt sich selbst in den Abgrund. Das Schlaraffenland jedenfalls, in dem wir dank Daten mit unseren Analysen immer richtigliegen, bleibt bis auf Weiteres Wunschvorstellung. Ich wage die Prognose, dass es unerreichbar ist.

Und nun: die Wettervorhersage

Jeden Abend kurz vor zwanzig Uhr strahlt die ARD sowohl einen ausführlichen Wetterbericht als auch die Börsennachrichten des Tages aus. Zwischen beiden Formaten gibt es einen eklatanten Unterschied. Während der Wetterbericht die Sonnenstunden und Regenfälle der kommenden Tage vorhersagt, bleiben die Börsianer auffällig still, wenn es um die Zukunft geht. Eine seriöse Prognose über die Aktienkurse der kommenden Woche ist undenkbar. Was Prognosen angeht, ist die Meteorologie der Ökonomie um einiges voraus. Aus gutem Grund.

Knapp vierhundert Jahre nach der Erfindung des Barografen kam der Computer ins Spiel. Die Wettermesser mit Zahnrädern, Nadeln und Quecksilberthermometern wurden in die Abstellkammer verbannt. Moderne Simulationen sollten die alte Mechanik ersetzen. Es bestand die

Hoffnung, das Wetter nicht nur für einige Tage, sondern über Monate und Jahre vorherzusagen. Computer würden die unendlich komplexen Wetterphänomene endlich kontrollierbar machen.

Es war der amerikanische Mathematiker und Meteorologe Edward Lorenz, der der Hoffnung auf eine berechenbare Welt ein Ende setzte. Anfang der Sechzigerjahre programmierte er die ersten computergestützten Wettermodelle. Er simulierte einfache Windbewegungen von Norden nach Süden und wieder zurück. Schon hier ließen sich Muster erkennen. Wolken, nach denen man die Uhr stellen konnte, und pünktlich genauer Niederschlag. Lorenz verbesserte sein System immer weiter. Mehr Daten, genauere Messwerte, komplexere Algorithmen. Aber seine Arbeit nahm kein Ende. Egal, was er auch tat, das Modell wich immer von der Realität ab. Die Datensätze wurden größer und größer, die Algorithmen und Muster immer komplexer. Und trotzdem. Es war unmöglich, die Realität einzufangen und das Wetter vorherzusagen.

Lorenz' Lösung für diese Ungereimtheiten kam dann per Zufall. Statt von vorn zu beginnen, tippte er die vorhandenen Daten einfach ein paar Wochen früher ins Modell ein. Das sollte genügen, um Prognosen und Wetter wieder auf die richtigen Bahnen zu lenken. Bloß, das klappte nicht. Keine Zahl stimmte mit der anderen überein. Der gleiche Datensatz führte zu zwei gänzlich verschiedenen Prognosen.[12] Die gleichen Zahlen ergaben immer unterschiedliche Ergebnisse. Die *eine* Zukunft gab es nicht.

Mit seinen Berechnungen hatte Lorenz den Grundstein zu einem neuen Teilbereich der Physik gelegt: der Chaos-Theorie. Demnach sind auch scheinbar stabile Systeme mit klaren Regeln *unberechenbar*. Ganz gleich wie viele Daten man hat, es gibt unzählige Möglichkeiten, wie sich ein solches System entwickeln kann. Und das gilt fürs Wetter genauso wie für die Wirtschaft.

Entscheidungsstark

Wenn Prognosen nicht funktionieren, ist die logische nächste Frage, wozu wir Daten dann überhaupt nutzen können?

Jeder Wettbewerbsvorteil, jeder Millimeter, den man der Konkurrenz voraus ist, basiert auf exklusivem Wissen, also auf Daten, die eine höhere Qualität haben, als die der Konkurrenz. Dabei kann es sich um ein Patent handeln, um ein bestimmtes Prozess-Know-how oder um eine besondere Beziehung zu einem Kunden. Aber die Digitalisierung macht es immer schwieriger, dieses Wissen auch wirklich exklusiv zu halten. Viele Informationen sind jetzt einfach kostenlos im Internet zugänglich. Die Kosten, um Informationen zu verarbeiten, fallen ebenso wie die Kosten für Kommunikation ins Bodenlose. Wie geht man damit um?

Statt sich dagegen aufzubäumen und höhere Mauern zu bauen, die eh früher oder später von der technischen Entwicklung eingerissen werden, müssen wir neue Wege finden.

Wie das in der Praxis funktioniert, lässt sich schon heute

bei Bosch in Blaichach im Oberallgäu sehen. Das Werk nimmt für Bosch eine Sonderrolle ein, da hier die Maschinen und Anlagen für große Teile des gesamten internationalen Produktionsnetzwerks produziert werden. Ein Maschinenbauer also, in den Reihen eines Konzerns. Hier begann man vor knapp zehn Jahren damit, erste Ideen für eine *digitale Fabrik* zu entwickeln – vernetzt mit mehr als 7400 Anlagen weltweit. Zunächst bedeutet das, erst mal eine Menge Sensoren zu verbauen und die Daten daraus zu sammeln. Schnell wurde deutlich, dass sich all diese Daten leichter in der Cloud speichern ließen, auch wenn das eine lange Diskussion rund um Datenschutz mit sich zog. Aber die Daten sind es nicht allein: Um fast tägliche Verbesserungen in Sachen Materialfluss, Automatisierung und Standzeiten zu erreichen, werden Analysen immer im Tandem erarbeitet – von einem Daten- und einem Prozess-Experten. Die so gewonnenen Erkenntnisse strahlen inzwischen weit über Blaichach hinaus. Sie fließen inzwischen in weitere Produkte von Bosch ein.

All das führt zu einer spannenden Schlussfolgerung: Der vermehrte Einsatz von Technik schmälert nicht etwa die Bedeutung von Menschen in Unternehmen, richtig eingesetzt wird diese größer. Wenn die technologischen Grundlagen in vielen Unternehmen immer ähnlicher werden, werden die Fachkenntnisse der Belegschaft stärker denn je zum Wettbewerbsfaktor. Wenn es darum geht, eine gute Datenlage für Entscheidungen aufzubauen und effektiv zu kommunizieren, zählen Erfahrung, Zusammenhalt und Fachkenntnisse mehr als jemals zuvor.

Und wieder sind das gute Nachrichten für einen Mittelstand, dessen Unternehmenskultur schon heute durch Eigenverantwortung, Freiräume und Teamgeist geprägt sind – zumindest im Vergleich mit vielen Konzernen. Qualität und Vertrauen stehen dem üblichen bürokratischen Zirkus entgegen. Und die Belegschaft ist mehr als nur ein Datensatz.

Die Dosis macht das Gift

Was jetzt noch fehlt, ist ein praktischer Weg, um sich an einen sinnvollen Umgang mit Daten heranzutasten.

Damit sich die Reise hin zu einem datengetriebenen Mittelständler nicht als allzu holprig entpuppt, hat sich in der Praxis eine Art Stufenmodell durchgesetzt. Die Daten fließen schrittweise in den unternehmerischen Alltag ein und das Risiko bleibt überschaubar.

Auf der ersten Stufe wird dazu der Status-Quo im Unternehmen ermittelt. Metriken werden festgelegt und Kennzahlen aufgearbeitet. Prozesse, die bisher nur auf dem Papier existierten, werden nun digital überwacht. Hier sucht man die Antwort auf die Frage, was jetzt gerade im Unternehmen geschieht.

Stufe zwei beginnt damit, neue Einblicke ins Unternehmen zu schaffen. Das, was man in der Digitalbranche *Business Insights* nennt. Es werden neue Informationen über Kunden, Produkte und den Betrieb aufgedeckt. Die Fragestellung verändert sich von: *Was passiert gerade?* in: *Welche Lücken gibt es?*

Auf Stufe drei tastet man sich an die Optimierung des

Unternehmens heran. Basierend auf statistischen Zusammenhängen, beginnen die Computersysteme nun Handlungsoptionen aufzuzeigen, mit reichlich Ansatzpunkten für Automatisierung.

Die vierte Stufe rückt schließlich die Monetarisierung der Daten in den Fokus. Wie lassen sich all die Daten im eigenen Unternehmen zu Geld machen?

Aber eine Frage ist immer noch offen: Wenn es unendlich viele Möglichkeiten gibt, mit denen ich meine Datenreise gestalten kann, woher weiß ich, welche die Beste für mein Unternehmen ist?

07

Wolkenbruch

Technologieentscheidungen sind ein notorisch kompliziertes Thema. Geht das nicht einfacher?

Ich möchte Ihnen Klaus Schlupfer vorstellen. Schlupfer ist 62 Jahre alt, hat schütteres Haar und trägt im Büro normalerweise einen aus der Mode gekommenen Strickpullover – nur im Sommer sieht man ihn in einem Kurzarmhemd, das in einer beliebigen Pastellfarbe gehalten ist. Er ist ein typischer IT-Leiter, wie man ihn in vielen mittelständischen Betrieben findet.

Seine Karriere begann Ende der Achtzigerjahre als klassischer Informatiker bei IBM. Das amerikanische Getue war ihm aber irgendwann zu viel. Obwohl die Kinder noch nicht aus dem Haus waren, nahm er seinen Mut zusammen und wechselte in den Mittelstand zu PirolPlast, einem Unternehmen, das auf Maschinen für Plastikverpackungen spezialisiert ist. Damit kannte sich Herr Schlupfer zwar nicht sonderlich gut aus, aber er kannte die IT.

Damals führte er den *Toothbrush-Test* ein. Bei jeder neuen Anschaffung stellte Schlupfer die Frage, ob man das neue System wirklich täglich nutzen werde – also wie eine Zahnbürste. Oder ob es nur ein neues Stück Software (oder Hardware) war, das früher oder später im Regal stehen und nicht mehr hervorgeholt würde. Dieser praktische Ansatz kam gut bei der Geschäftsführung an, der Schlupfer, da war man sich sicher, war wie gemacht für den Mittelstand.

Alles ging seinen gewohnten Gang, bis der Sohn des Chefs die alljährliche Mitarbeiterversammlung nutzte, um eine neue Unternehmensstrategie vorzustellen. Jeder wusste, dass der junge Thomas Pirol sich beweisen musste. Da stand er nun und redete von der *Zukunft*. Schlimmer noch als die sinnbefreiten Begriffe, die jede einzelne Folie der Präsentation schmückten, waren für Schlupfer jedoch die beiden großen Ziffern, die nun hinter dem Firmennamen prangten – PirolPlast 4.0.

Mit großer Dramatik wurde die Cloud zur Schlüsseltechnologie erklärt. Nicht nur die IT sollte moderner, agiler und skalierbarer werden. Die komplette Fertigung vernetzt werden. In seiner Präsentation hatte der junge Pirol das große Wachstum im Cloud-Markt hervorgehoben. Je nach Studie zwischen 20 und 35 Prozent – auch in der Industrie.[13]

Schlupfer fiel es schwer, den Unmut hinter seinem Schnurrbart zu verstecken. Für ihn war das ganze Projekt vor allem eine gigantische Kostenfalle. Schließlich werden die Zweifel an der Cloud selbst im Silicon Valley immer lauter. Die bekannten Start-up-Investoren Marc Andreessen und Ben Horowitz nennen die Cloud ein *Trillionen-Dollar-Paradox*.[14] Unternehmen, die bereits in der Cloud sind, diskutieren offen darüber, ihre Infrastruktur zurückzubauen. Für mittelgroße Unternehmen mit einem stabilen Wachstum ist die Cloud in der Regel ein schlechtes Geschäft. Das geflügelte Wort: Wer *Cloud* gewinnt, hat große Risse.

Junior und IT-Leiter lagen im Clinch und der alte Pirol war wenig begeistert. Er hatte in sein Büro geladen – nur die drei. Vater, Sohn und Schlupfer. Hier saß der Alte sonst nur mit Gästen, wenn der Landrat vorbeikam oder der Vorstand des Schützenvereins.

Der Junior hatte seine ausführlichen Notizen auf dem iPad vermerkt. Er schlug die Abdeckung des Tablets mit einer gekonnten Bewegung nach hinten und versuchte, es auf dem Glastisch zu platzieren. Es rutschte dauernd weg, bis er es schließlich in die Hand nahm.

«So, können wir jetzt?», schallte es vom Senior. «Erst der eine, dann der andere. Schlupfer, Sie fangen an.»

Schritt für Schritt ging er seine Bedenken durch. «Wir haben eine funktionierende IT. Wir wissen, was wir können.» Man habe so viel zu tun in der Abteilung und der Azubi sei der Einzige, der schon einmal etwas mit der Cloud gemacht hat. «Da fehlen uns einfach die Leute für.» Er endete mit der bekannten IT-Phrase: «Never change a running system.»

Der Junior zuckte immer kurz, wenn die alten Herren Englisch sprachen. Aber nun war er an der Reihe und eigentlich waren seine Argumente nicht schlecht. Angefangen damit, dass die Konkurrenz längst mit ihrer Digitalstrategie im Mittelstandsmagazin für Furore sorgte. Dann ging er auf eine Geschichte ein, die Schlupfer längst nicht mehr hören konnte. Für die Hannover-Messe vergangenes Jahr sollte eine eigene kleine Website eingerichtet werden. Schlupfer hatte mit Hinweis auf Kosten und Zeit abgelehnt. «Das würde mindestens drei Monate dauern und die Messe ist ja schon in ein paar Wochen», sagte er damals. Aber solche Fälle häuften sich. Die Abteilungen wollten besser werden und etwas ausprobieren und die IT lehnte ab. Bereichsleiter kauften bereits Software unter der Hand und rechneten das Ganze als Spesen ab. «Papa, wir wollen seit fast einem Jahr mit diesem Unternehmen für Prüfstände zusammenarbeiten. Die Software von denen kommt aus der Cloud und wir können sie nicht nutzen, weil Sie», er zeigt auf Schlupfer, «die nicht freigeben. Die verstehen nicht, warum wir nicht mal den Einkauf hinbekommen. Die lachen uns doch aus.»

In diesem Moment, in dem dem Junior anstelle nüchterner Fakten zum ersten Mal «Papa» herausgerutscht war, wusste er, dass er auf verlorenem Posten stand. Ganz gleich, wie gut seine Argumente auch waren: Jetzt war er nicht mehr der zukünftige Geschäftsführer, sondern der kleine Junge, der hier in dem Büro mit Buntstiften die Wand bekritzelte.

Der Senior ließ sich so gerade eben noch zu einem Vorschlag zur Güte bewegen. Externe Hilfe sollte her, um die Wogen zu glätten.

Die Beraterin

Cloud ja oder nein. Das war ja nur eine Entscheidung von vielen, die in den kommenden Jahren anstehen würden.

Entsprechend wollte die Beraterin Constanze Hoppenstedt nicht nur diese eine Sache klären. Es galt, eine Methode zu entwickeln, mit der man eigene Entscheidungen treffen konnte.

Kurz vor Weihnachten hatte sie dann ihre erste Besprechung mit der versammelten Mannschaft.

«Wie kann es sein, dass Digitalkonzerne und Start-ups astronomisch hoch bewertet werden, während viele Mittelständler kaum einen Kredit bei der örtlichen Sparkasse bekommen?» Sie ließ ihre Frage wirken.

Auf der Folie, die nun an der Wand flimmerte, waren einige Beispiele zu sehen. *Hopin*, eine Eventplattform mit gerade einmal sieben Mitarbeiten, konnte seine Bewertungen innerhalb eines Jahres von 38 Millionen auf 2,1 Milliarden Dollar steigern. *DoorDash*, das amerikanische Pendant zu Lieferando, wird mit 35 Milliarden Dollar bewertet. *Snyk*, eine Firma für Internetsicherheit, schafft 2,8 Milliarden Dollar – fast das Achtzigfache ihres Jahresumsatzes.

«Vergleichen Sie das einmal mit den üblichen Werten im Mittelstand. Wenn es zum Generationenwechsel kommt oder in Finanzierungsfragen, liegt ein typischer Umsatzmultiplikator im Maschinenbau zwischen 0,7 und maximal 1,0. Das ist nichts im Vergleich zu dem, wie die Digitalbranche rechnet.»

«Nicht schon wieder so ein Start-up-Gerede», murmelte es durch den Raum. Aber sie spannte den Bogen weiter:

«Es ist nicht nur, dass sich diese Unternehmen zunächst als Software-Companys sehen. Es ist die allgemeine Sicht-

Wie kann es sein, dass Digitalkonzerne und Start-ups astronomisch hoch bewertet werden, während viele Mittelständler kaum einen Kredit bei der örtlichen Sparkasse bekommen?

weise auf Technologie. Das ist kein Extra, kein Zusatz, der obendrauf kommt. Es ist das Mittel, mit dem man seine Ziele erreichen kann. Und das verändert die Bewertung von technischen Möglichkeiten und die Bewertung des ganzen Unternehmens. Ergibt das für alle Sinn?» Hoppenstedt klickte auf die nächste Folie. Es war nicht viel mehr zu sehen als ein Kreis mit einigen unruhigen Linien drumherum. «Es gibt zwei Möglichkeiten. Entweder man kann sich abschotten oder man kann zumindest einen Teil der Digitalisierung in den Kern des eigenen Unternehmens holen.» Auf der Folie wanderte jetzt ein Teil der welligen Linien in den Kreis hinein.

«Wirtschaftliches Risiko wird überall dort berechenbar, wo Technologie genutzt wird, um Zahlungsströme stabil zu machen. Das ist der Trick, den die Digitalbranche für sich nutzt. Umsatz, Wachstum und Risiko lassen sich schließlich massiv mit Technologie beeinflussen. Abomodelle machen den Umsatz planbar. Nie war es leichter, Neukunden übers Netz anzusprechen. Und wenn man weiß, was die Kunden für die Produkte in den kommenden Monaten und Jahren zahlen werden, sinkt das Risiko.»

Hoppenstedts Logik war bestechend.

«Dahinter steht das Nutzermodell.» Sie klickte wieder zur nächsten Folie.

«Für die Techbranche bemisst sich Erfolg daran, wie viele Menschen ein Produkt täglich nutzen. Es geht nicht darum, wie oft etwas verkauft wird. Diese Unternehmen haben Metriken dafür entwickelt, wie lang ein Nutzer erhalten bleibt und wie viel Geld der Nutzer ausgeben wird.

So steht und fällt die Bewertung von Netflix beispielsweise nicht mit den üblichen Finanzkennzahlen. Einzig die Anzahl der Abonnenten treibt den Aktienkurs. Und das gilt auch für den Geschäftskundenbereich. Die Zeiten, in denen Microsoft seinen Kunden alle Jahre ein neues Office-Paket verkauft, sind vorbei – alles wird nun zum Abo. Und das, obwohl die früheren Einmalzahlungen oftmals höher waren als die monatlichen Zahlungen heute. Lassen Sie mich das noch einmal unterstreichen: Es ist vorteilhafter, den höheren Umsatz für konstante Zahlungsströme zu tauschen. Planbarkeit um digitale Technologie wird immer wichtiger.»

Daraus ergeben sich zwei Fragen, mit denen Hoppenstedt ihren Vortrag beendete. Erstens, wie kann der Mittelstand über Nutzer nachdenken? Und zweitens, wie lässt sich hieraus ein Bewertungsmodell für Technologie im Mittelstand formen?

Die Köpfe rauchten, und Hoppenstedt wusste, dass es noch ein langer Weg sein würde.

Das Konzept

Der Sprung ist gar nicht so weit: von der Bewertung von Unternehmern zur Bewertung von Technologie.

Für die Industrie kann das bedeuten, dass Dienstleistungen gegenüber einzelnen Produkten immer wichtiger werden. Statt einzelner Teile oder Maschinen vertreiben Unternehmen immer häufiger ihre *Arbeitsleistung*.

Heidelberg Druckmaschinen macht dies schon seit Jahren. Die millionenschweren und oft mehrere Dutzend

Meter langen Druckmaschinen werden nur noch selten direkt verkauft. Die hohen Kosten schrecken viele potenzielle Kunden ab. Stattdessen wird die Maschine selbst zur Dienstleistung. Die Kunden nehmen die Laufleistung der Maschine ab – in diesem Fall Hunderttausende Meter bedrucktes Papier.

Der junge Pirol drehte Kreise in seinem Büro. Bei der Hoppenstedt hatte sich das alles so einfach angehört. Wenn man Endkunden hat, ist so ein Nutzerdenken gar nicht so schwer. Aber was soll man machen als Teilelieferant und Auftragshersteller? Wie findet man dann seine Nutzer?

Einige Jahre zuvor hatte er schon einmal versucht, die Kunden in Segmente aufzuteilen – aber das war kläglich gescheitert und eigentlich wusste niemand so richtig, was es bringen sollte. Tief in seinem Schreibtisch vergraben fand der Junior die Kriterien, die man damals erarbeitet hatte.

1. Größe: Ein Segment sollte groß genug sein, um eine eigene Ansprache zu rechtfertigen, aber nicht so groß, dass es kaum noch möglich ist, effektiv zu kommunizieren.

2. Rentabilität: Ein Segment sollte profitabel sein oder zumindest das Potenzial haben, profitabel zu werden.

3. Kompatibilität: Passen die Nutzer zum eigenen Unternehmen? Das ist nicht nur eine Frage der Größe, sondern auch der gemeinsamen Werte.

4. Wettbewerbsposition: Welche Wettbewerber sprechen ebenfalls diese Kunden an? Welche Mehrwerte haben die Konkurrenzprodukte?

Hoppenstedt hatte ihm erklärt, dass für die Nutzerperspektive nur ein einziger neuer Aspekt hinzukäme: Die Kunden werden über die Art segmentiert, wie sie ein Produkt verwenden. Dafür gibt es drei Ansätze: «Das, was man in Amerika den *User* nennt, heißt bei uns schon lange *Verbraucher*», erklärte sie.

Zunächst kann man in die Tiefe gehen. Man stellt die Frage, welche Faktoren das eigene Produkt auszeichnen und wie wichtig diese Faktoren für den Kunden sind. So werden aus Kundengruppen, denen unterschiedliche Dinge wichtig sind, Nutzergruppen. Das ist die leichteste Übung.

Alternativ verändert man die Berechnungsgrundlage. Das ist besonders sinnvoll, wenn man nur wenige große Kunden hat. Statt auf einzelne Kunden zu blicken, blickt man auf einzelne Projekte oder Aufträge. Alles funktioniert, was auch nur den Anschein von wiederkehrenden Umsätzen hat.

Zuletzt kann man doch noch versuchen, die Endkundenperspektive einzunehmen. Nur weil viele Industrieunternehmen keinen direkten Draht zu ihren Verbrauchern haben, heißt das ja lange noch nicht, dass diese keinerlei Nutzen aus dem Produkt ziehen. Für die allermeisten Autofahrer spielen Federung und Querlenker beispielsweise kaum eine Rolle. Für Motorsportverrückte und Hobby-

Rennfahrer ist es aber durchaus relevant, welche Teile verbaut sind.

Der junge Pirol war stolz, als er es tatsächlich geschafft hatte, drei gut definierte Nutzersegmente aufzustellen. Er hatte sich für den einfachsten Ansatz entschieden und die wichtigsten Nutzenfaktoren identifiziert – von der Bedruckbarkeit der Verpackung über den Feuchtschutz bis zur einfachen Öffnung.

Damit konnte Constanze Hoppenstedt weiterarbeiten und nutzte dafür eine Methode des US-Professors Aswath Damodaran, eines absoluten Gurus in Sachen Unternehmensbewertung.[15] Nach seiner Methode muss man drei Komponenten bestimmen: den Wert eines bestehenden Nutzers, die Kosten dafür, einen neuen Nutzer zu gewinnen, und zuletzt all jene unternehmerischen Aufwendungen, die nicht auf einzelne Nutzer heruntergebrochen werden können.

Für jedes Segment bestimmte sie den durchschnittlichen Wert eines Nutzers – also den Wert, den ein durchschnittlicher Nutzer über die Zeit der Zusammenarbeit an PirolPlast zahlt.

Hinzu kommt der Wert neuer Nutzer: Was kostet das Marketing, das Personal und die Testphasen? Wie viel Zeit müssen die Mitarbeiter investieren?

Abzüglich der Kosten, die nicht anderweitig zurechenbar sind, kann man nun den Wert der Nutzer für PirolPlast berechnen – so war eine Grundlage geschaffen, mit der sich jeder Einsatz in neue Technologie bewerten ließ.

Um die finanzielle Seite durch die Praxis zu ergänzen, setzt sie auf einen sogenannten *Sprint*. Dabei handelt es sich um eine wohlstrukturierte *Learning-by-Doing-Woche*.[16]

Solche Sprints gehen schnell an die Substanz. Fünf Tage lang gemeinsam in einem Raum zu verbringen, birgt eine Menge Konfliktpotenzial. Eigentlich sollten die Teilnehmer dazu bereit sein, aus ihren festgefahrenen Abläufen auszubrechen und offen miteinander zu reden. Aber gerade im Mittelstand fällt es vielen nicht leicht, eigene Ideen zu äußern und auf die Ideen der anderen direkt zu reagieren. Man ist es gewohnt, erst dann zu reden, wenn ein Gedanke zu einhundert Prozent durchdacht ist. Und man äußert keine Einwände, wenn auf den ersten Blick alles korrekt zu sein scheint. Oft treffen in Sprint-Teams Kollegen aufeinander, die sonst nur wenige Berührungspunkte miteinander haben. Entscheider und Entwickler, die es gewohnt sind, nacheinander Probleme zu lösen, werden ganz bewusst zusammengeführt.

Das *Team für die Woche* begann seine Arbeit am Ende: Was ist das Ziel? Soll man die eigene IT-Infrastruktur in die Cloud verlegen? Vielleicht ergibt es Sinn, die eigenen Datenbanken auszulagern. Einer der beiden IT-Kollegen schlug vor, das Monitoring der eigenen Server in die Cloud zu legen. Das koste doch extrem viel Rechenleistung, die man sich sparen könne. Schlupfer war entsetzt und versuchte, seine Männer mit einem kurzen Blick wieder auf Linie zu bringen. Aber ohne Erfolg. Sie hätten keinen Bock mehr, auf ewig Kabel im Keller zu verlegen. Einem rutschte heraus, dass er dafür nicht studiert hätte.

Die rettende Idee kam aus einer unerwarteten Ecke. Ein Praktikant aus der Qualitätssicherung schlug schüchtern vor, erst mal mit dem scheinbar kleinsten Problem anzufangen. Das Unternehmen hatte insgesamt drei Werke mit eigener QS-Abteilung und ein paar Service-Techniker, die von Asien bis in die USA verteilt waren. Würde es nicht Sinn ergeben, die Testdaten über die Cloud miteinander zu verbinden?

Am zweiten Tag wurden die ersten Lösungsskizzen erstellt – ganz bewusst unter einem noch höheren Zeitdruck. Denn das Rad soll nicht neu erfunden, jedes kleine Detail ausdiskutiert werden. Im Gegenteil. Es geht darum, die einfachste Lösung zu finden.

Schon Mittwoch wurde der erste Prototyp erstellt, ein Dummy, der gerade mal gut genug war, um ihn zu präsentieren und Feedback einholen zu können. Manchmal reicht eine hastig zusammengeschusterte Präsentation vollkommen aus.

Bevor Frau Hoppenstedt alles zusammenfügen konnte, wurde noch das Feedback der Fachkollegen eingeholt. Auch hier gab es noch reichlich Widerstände und Ängste zu lösen. Würde die Arbeit der QS-Kollegen jetzt aus der Zentrale kontrolliert? Was passiert, wenn man falsche Daten ins System spielt? Die finale Entscheidungsgrundlage bestand dann sowohl aus der Nutzenrechnung als auch aus den Ergebnissen des Praxistests. Dann war der Junior-Chef gefragt: «Also, Herr Pirol. Was soll es sein? Wird dies das erste PirolPlast-Projekt in der Cloud?»

08

Aufmerksamkeitsökonomie

Jeder braucht gute Leute. Wo steht der Mittelstand zwischen Fachkräftemangel und Automatisierung?

Zwischen griesgrämigen IT-Leitern, die ihre Zeit bis zur Rente absitzen, und unerfahrenen Nachwuchskräften müssen Unternehmen die richtigen Talente für sich gewinnen und fördern. Und das wird für den Mittelstand zusehends schwieriger. Es fehlen Hunderttausende Fachkräfte in nahezu allen Bereichen. Aufträge bleiben liegen. Die Zukunft ist gefährdet.

Die wenigen Spezialisten, die für einen neuen Arbeitgeber offen sind, können Gehälter aufrufen, die sich nur große Konzerne leisten können. Gleichzeitig wird dort mit einer Arbeitskultur geworben, die sich irgendwo zwischen Kommune und Wellnesshotel eingependelt hat. Sogenannte Feel-Good-Manager organisieren als unternehmensinterner Mutterersatz Yogakurse und Teamabende. Wie soll ein normales Unternehmen hier mithalten?

Und wollen wir das überhaupt? Kann man die Fachkräfte, die der Mittelstand benötigt, überhaupt mit solchen soften Wohlfühlpaketen begeistern? Wenn wir über Leistungsträger sprechen, über Menschen mit dem Willen und Antrieb, die Zukunft zu gestalten, suchen diese Leute wirklich eine unternehmerische Hängematte?

Drum prüfe, wer sich ewig bindet

Die undankbare Aufgabe, den Fachkräftemangel zu lösen, fällt in den meisten Unternehmen der Personalabteilung zu. Hier prallt die Hoffnung auf einen zukunftsfähigen Mittelstand auf die harte Realität des Arbeitsmarktes.

Die eigentlichen Bewerbungsprozesse sind oft überraschend altbacken. Viele Unternehmen erlauben es sich weiterhin, Bewerber nach scheinbar willkürlichen Kriterien auszusortieren. Nur drei Jahre Erfahrung statt fünf? Raus! Eine Vier in Mathe (obwohl die Schulzeit schon 15 Jahre zurückliegt)? Raus! Eine Lücke im Lebenslauf? Keine Chance. Ganz gleich, ob man ein Kind bekommen, sich um die pflegebedürftigen Eltern gekümmert oder die lang geplante Weltreise gemacht hat: Unternehmen verhalten sich weiterhin, als gäbe es Bewerber wie Sand am Meer.

Hinzu kommen immer häufiger standardisierte Tests und Auswahlverfahren, unter dem Vorwand, den Personalabteilungen einen objektiven Bewertungsrahmen an die Hand geben zu wollen. Von der akademisch anmutenden Fallstudie bis zu übergriffigen Persönlichkeits- und Intelligenztests ist alles dabei. Unternehmen versuchen, Mitarbeiter zu finden, indem man Bewerber, die in der Regel mehrere relevante Abschlüsse haben, Rätsel und Denksportaufgaben lösen lässt.

Dabei kann zum Beispiel künstliche Intelligenz helfen, eingehende Lebensläufe zu filtern, ganz automatisch, ohne dass je ein echter Mensch drüberschauen muss. Innerhalb von nur wenigen Augenblicken wird Kandidaten mitgeteilt, dass sie für eine Stelle nicht geeignet sind. Allerdings bekommen selbst technologisch versierte Konzerne wie Amazon diese Systeme nicht in den Griff. Deren künstliche Intelligenz musste abgeschaltet werden, nachdem sie systematisch Frauen und Menschen *of Color* diskriminierte.[17]

Man kann Personal-Software einführen, die zwar Kosten spart, aber jeden Kandidaten unpersönlich mit einem *Sehr geehrte:r Bewerber:in* ablehnt, oder man kann neue Möglichkeiten schaffen, um die Talente für sich zu gewinnen, die ansonsten durchs Raster fallen.

Denn der Wind hat sich gedreht. Als Ingenieurin oder IT-Experte können Sie sich Ihren Arbeitgeber de facto aussuchen. Und die Personalabteilungen können nicht mehr länger darauf warten, dass nur die richtige Bewerbungsmappe durch die Tür flattert. Sie müssen aktiv auf die Suche gehen.

Das passiert vor allem in beruflichen sozialen Netzwerken wie LinkedIn. Hier schreiben Recruiter potenzielle Kandidaten an. Stellen Sie sich das vor wie eine Partnerbörse, bloß, dass sich hier die Computer-Nerds vor Anfragen kaum retten können. Auf der Suche nach einem neuen Arbeitsabschnittsgefährten ist vor allem beunruhigend, wie wahllos Personalabteilungen oft Hunderte Nachrichten pro Tag verschicken. Wo bleibt da das Gefühl, gut aufgehoben zu sein?

Eine Folge dieser ziellosen Suche ist, dass der Ruf von Personalabteilungen bei Fachkräften immer schlechter wird. Nach einer Umfrage des anonymen Netzwerks *Blind* unter 11 000 Techfachkräften gaben mehr als siebzig Prozent der Befragten an, *keinerlei Vertrauen* in Personalabteilungen zu haben. Begründung: Diese Abteilungen hätten zu viel Macht über die Belegschaft, ohne dabei Verantwortung für die Menschen zu tragen. Mit den Kolleginnen und Kollegen vom Personal macht man nur selten eine wirklich positive Erfahrung.

Samstags gehört Vati mir

Aber wie kann der Mittelstand tatsächlich bei Fachkräften punkten? Indem er zu verstehen versucht, was Fachkräfte wirklich wollen. Denn der Versuch, gute Leute mit Tischtennisplatten, bequemen Sitzsäcken und kostenlosen Massagen zu begeistern, wird nicht helfen. Aber es gibt Schlüsselfaktoren, die Leistungsträger wirklich begeistern. Dazu gehören die Höhe des Gehalts, die Zukunftsfähigkeit des Unternehmens, die Sinnhaftigkeit der Arbeit und ein gutes Management.[18]

Vielleicht ahnen Sie schon: Mit einer konsequenten Digitalisierung lässt sich zumindest ein Teil der oben genannten Aspekte abfedern. Um dem Fachkräftemangel zu begegnen, braucht der Mittelstand einen deutlichen Schub in Sachen Automatisierung. Das senkt zwar nicht den Druck, neue Fachkräfte zu gewinnen. Denn die Arbeit, die sich automatisieren lässt, ist in der Regel nicht sonderlich komplex. Aber es würde die Produktivität der Mitarbeiter drastisch erhöhen, und schon das nimmt Dampf aus dem Kessel. Vielleicht wäre dann sogar Geld da, um die eigenen Leute *überdurchschnittlich* zu entlohnen. Denn die Aussage, dass der Fachkräftemangel nicht mit Geld zu kurieren sei, ist ein Gerücht. Und mit einer klugen und konsequenten Digitalisierung könnten die Reallöhne in Deutschland massiv steigen.

Dieser Gedanke mag auf den ersten Blick etwas unangenehm sein, immerhin bedeutet er auch, dass man dem Fachkräftemangel nicht wehrlos ausgesetzt ist. Denn sowohl das Gehalt als auch die Zukunftsfähigkeit des Unternehmens hängen maßgeblich vom Umgang mit Technologie ab.

Softskills

Eigentlich hat der Mittelstand ein attraktives Angebot. Im Gegensatz zur Konzernwelt werden Mitarbeiter deutlich seltener auf eine Personalnummer reduziert, man ist Teil einer Betriebsfamilie und kennt den Chef persönlich. Der Mittelstand hat eine Seele, Ziele und baut Dinge, die wirklich etwas bewegen. Er bietet Sicherheit und (normalerweise) ein kollegiales Umfeld. Entsprechend ist auch die Fluktuation in der Belegschaft: Sie liegt im niedrigen einstelligen Prozentbereich und ist damit drei- bis viermal geringer als im gesamtwirtschaftlichen Durchschnitt.

Mittelständische Werte können im Wettlauf um Fachkräfte zu einem wichtigen Hebel werden – auch wenn diese nur schwer zu messen und noch schwerer in Software zu verpacken sind.

Lösen Sie die Personalabteilung auf. Ernsthaft. Lassen Sie die Manager selbst entscheiden, wen sie einstellen und wen nicht.

Die Möglichkeiten, wie ein Mittelständler seine Chancen am Arbeitsmarkt deutlich verbessern kann:

1. Heben Sie Ihren guten Ruf hervor! Sie haben Geschichte, Sie sind innovativ und Sie haben ein Standing in Ihrer Branche und in der Region. Betonen Sie Ihre Schwerpunktthemen: etwa die Industrie 4.0.

2. Wettbewerbsfähige Vergütung: Sparsamkeit mag eine Tugend sein. Das heißt aber nicht, dass man diese bei seinen potenziellen Fachkräften einfordern sollte.

3. Mitarbeiterentwicklung: In einer dynamischen Welt reicht es nicht mehr, immer nur das Gleiche zu tun. Wenn Ihr Unternehmen sich entwickeln soll, müssen Sie Ihren Mitarbeitern die Chance geben mitzuziehen.

4. Fördern Sie eine respektvolle Unternehmenskultur. Mittelständische Teams arbeiten oft über Jahre zusammen. Ohne ein gutes Betriebsklima geht das nicht.

5. Ermöglichen Sie sinnvolle Arbeit: Die Leute möchten sichergehen, dass sie etwas bewegen. Nicht ohne Grund arbeiten Millionen von Entwicklern und IT-Fachkräften zwanzig oder dreißig Stunden ohne Bezahlung an Open-Source-Projekten.

Es gibt noch eine weitere Möglichkeit, potenziellen Fachkräften zu zeigen, dass man die Zeichen der Zeit erkannt hat: Lösen Sie die Personalabteilung auf. Ernsthaft. Lassen Sie die Manager selbst entscheiden, wen sie einstellen und wen nicht. Damit lösen Sie eines der Grundprobleme hinter all dem, was wir besprochen haben: Denn dann treffen diejenigen Personalentscheidungen, die hinterher auch damit leben müssen. Schaffen Sie die technischen Möglichkeiten, mit denen jeder Manager, jedes Team und jede Abteilung seine eigenen Personalentscheidungen treffen kann. Das ist möglich. Und das ist mittelständisch. Denn hinter der Diskussion um den Fachkräftemangel steht noch eine weitere Frage: Wie wollen Sie verantwortungsvolle Fachkräfte gewinnen, wenn Sie selbst nicht bereit sind, Verantwortung zu übernehmen?

Zahlenmenschen

Durch die gesamte Diskussion spukt das Gespenst der Automatisierung. Verlieren wir durch künstliche Intelligenz alle unseren Job? Oder ist das die Wunderwaffe, um den Fachkräftemangel zu lösen? Wenn beides zutrifft, kommen wir zur nächsten spannenden Frage: Warum automatisieren wir dann nicht als Erstes die Geschäftsführung?

Das stereotype Bild eines Unternehmenslenkers zeigt einen grauen Mann in einem grauen Anzug. Er ist irgendwo zwischen fünfzig und sechzig Jahre alt (manchmal auch älter) und heißt in der Regel Thomas, Klaus, Stefan oder Michael.[19] Einer ist kaum vom anderen zu unterscheiden. Sie stellen sich gern als kühle *Business-Maschinen* dar. Emotionen, Empathie und menschliches Miteinander haben in diesem Selbstbild nur wenig Platz.

Sie gehorchen einzig dem Diktat der Zahlen. Die Analysen und Kennzahlen sollen den Eindruck erwecken, dass die harten Entscheidungen dieser Wirtschaftskapitäne unausweichlich sind. Die Daten und Fakten lassen keine andere Wahl. Wie sonst kann man das eigene Unternehmen stetig effizienter machen?

Das ist ein fataler Denkfehler. Nicht nur für das Unternehmen und die Belegschaft, sondern für die Geschäftsführung: Denn wenn die Kunst des Managements lediglich aus der Analyse von Daten hin zu einer möglichst logischen Entscheidung besteht – kann das ein Computer nicht besser? Ein Manager kostet das Vielfache eines normalen Angestellten. Das wäre ein großer Kostenblock, den man gleich komplett streichen könnte.

Das Management mag es vielleicht noch nicht wahrhaben, aber man sitzt mit der Belegschaft im selben Boot. Ob der Facharbeiter mit ansehen muss, wie mehr und mehr Roboter in die Werkshalle einziehen, oder ob einem Manager immer mehr Entscheidungen durch Software abgenommen werden, macht kaum einen Unterschied.

Gleichwohl liegt genau hier für viele Manager der alten Schule ein Hoffnungsschimmer. Denn entgegen der landläufigen Meinung muss die Unternehmensleitung kein tiefgreifendes technisches Wissen aufbauen, um zukünftig mit künstlichen Intelligenzen zu konkurrieren. Kein Manager muss zum IT-Spezialisten umschulen. Eine Studie des amerikanischen Ökonomen Gerald Kane kommt zu dem Schluss, dass man an einem Grundmaß von technischem Verständnis zwar nicht vorbeikommt, mehr aber eben nicht.[20] Für den unternehmerischen Erfolg bringt es deutlich mehr, einem *oldschool* Manager das Rüstzeug für die Digitalisierung mitzugeben, als einem IT-Spezialisten die Feinheiten der Personalführung näherzubringen.

Langfristig wird künstliche Intelligenz unserer Wirtschaft einen komplett neuen Anstrich geben. Sie wird nicht nur verändern, wie Mensch und Maschine zusammenfinden, sondern auch, wie Unternehmen grundlegend funktionieren. Prozesse, Abläufe, Kultur und Zusammenarbeit.

Dabei geht es um weit mehr, als einen technologischen Trend mitzugehen. Es geht darum, die *Arbeit* im Unternehmen so zu gestalten, dass Menschen sich weiter produktiv einbringen können. Denn wenn das eigene Unternehmen nur aus automatisierbaren Aufgaben besteht, wenn die eigenen Leute nur Dinge tun, die eine KI eigentlich besser kann, ist es nicht allein die Belegschaft, die um ihre Existenz fürchten muss. Es ist das gesamte Unternehmen.

Wer seinen Arbeitstag damit verbringt, Papierstapel A in Ordner B zu heften, wird sich vermutlich umschauen müssen. Wo heute zehn Sachbearbeiter sitzen, summt morgen ein Computer. Konfrontiert mit einer neuen Technologie, die unglaublich gut darin ist, Muster zu erkennen und daraus (angeblich) neue Antworten zu generieren, müssen Unternehmen nun eine wirklich spannende Frage beantworten: Wie sieht ein Unternehmen aus, in dem es kaum oder keine wiederholbaren Aufgaben gibt? Wie muss Arbeit *zugeschnitten* werden, damit die eigenen Leute weiter kreative und komplexe Lösungen entwickeln können?

Die Autoren Kenneth Cukier, Viktor Mayer-Schönberger und Francis Vericourt identifizieren drei große Felder, in denen Computer uns bis auf Weiteres nicht den Rang ablaufen:[21] Wir sehen Zusammenhänge, auch wenn kein Muster erkennbar ist, wir können Entscheidungen treffen, auch wenn die Datenlage schwach ist, und wir sind immer dann unersetzlich, wenn es keine festen Vorgaben und Regeln gibt.

Während Maschinen durchaus in der Lage sind, Kausalitäten zu erkennen, scheitern sie daran, abstrakte Regeln zu bilden. An die menschliche Fähigkeit, Zusammenhänge zu erkennen, daraus übergreifende Regeln zu bauen und diese zu kommunizieren, reicht bisher noch keine künstliche Intelligenz heran. Ein Satz wie: *Alexandra möchte befördert werden. Sie präsentiert die Arbeitsleistung der vergangenen Monate*, klingt für Menschen intuitiv schlüssig. Für eine Maschine ist hier kein Zusammenhang erkennbar.

Zudem sind Maschinen unglaublich schlecht darin, sich eine Welt vorzustellen, die gar nicht existiert. Wichtiger noch als zu wissen, was passiert, wenn man etwa in Technologie A oder B investiert, ist, was passiert, wenn wir es nicht tun. Diese Denkweise erlaubt uns, für Eventualitäten zu planen, die noch nie passiert sind, und uns eine Zukunft auszumalen, die noch ungeschrieben ist. Eine KI kann bisher nur auf bekannte Muster setzen.

Der dritte Faktor, in dem wir Maschinen überlegen sind, ist das Denken in Restriktionen – genauer gesagt, das Denken in neuen, bisher unbekannten Restriktionen. Maschinen können nicht bewerten, welche Regeln fix sind und welche wandelbar. Das liegt nicht an einer mangelnden Rechen- oder Speicherleistung, sondern einfach daran, dass keine Maschine in einem unbegrenzten Raum ALLE Möglichkeiten evaluieren kann. Immer wieder findet man Artikel darüber, wie gut eine künstliche Intelligenz Musik schreiben kann. Die Ergebnisse seien von menschlichen Kompositionen nicht zu unterscheiden. Bei näherer Betrachtung werden die Grenzen deutlich, unter denen eine KI *kreativ* sein kann. Ein Programm, das *neue* Bach-Kantaten schreibt, funktioniert nur, weil es mit allen erhaltenen Bach-Kantaten angefüttert wurde. Das System akzeptiert die Struktur und die Grenzen, die Johann Sebastian Bach seiner Musik vorgegeben hat. Mehr nicht.

Wenn Unternehmen ihre Arbeit und Mitarbeiter neu ausrichten, wird das keine abrupte Entwicklung sein. Sie wird fließend erfolgen. Vermutlich in dem gleichen Maße, wie KI in unseren Arbeitsalltag einfließt. Nach einer Schätzung von OpenAI, einem führenden Unternehmen für künstliche Intelligenz, kann diese Technologie bei nahezu 80 Prozent aller Arbeitskräfte mindestens zehn Prozent der Tätigkeiten ausführen.[22] Das ist nicht wenig. Aber das ist auch nicht das Ende der Arbeit, wie wir sie kennen.

Die Idee, dass der Arbeitsmarkt zeitnah implodieren wird, kommt also etwas zu früh. Überhaupt sind Prognosen in diese Richtung, meistens ziemlich dubios. Wenn die meisten Anfragen in einem Callcenter etwa von einer künstlichen Intelligenz beantwortet werden, kann das entweder bedeuten, dass die Menschen, die dort arbeiten, ent-

lassen werden – oder dass das Serviceniveau deutlich ange-
hoben wird. Beides ist möglich.

Auch die Idee, dass viele Tätigkeiten wegfallen, greift zu
kurz. Richtig eingesetzt, ermöglicht es künstliche Intelligenz, deutlich schwierigere Aufgaben zu lösen als jemals
zuvor. Stellen Sie sich vor, jeder von uns könnte program-
mieren. Nicht indem wir mühselig Code schreiben, sondern indem wir einer KI schlichtweg sagen, wie das Programm aussehen soll. Was dann zählt, ist unsere Vorstel-
lungskraft. Was zählt, ist der Kontext, in den wir das Programm einbetten. Wie gut wir unsere Kunden oder unser
Unternehmen verstehen, etwa. Wir erleben den Übergang
in eine *narrative Wirtschaft*, in der jeder von uns einem
Computer sagen kann, was er oder sie sich vorstellt. Und
dann setzt der das einfach um.

Im Übrigen bedeutet das auch eine deutliche Aufwer-
tung der Geisteswissenschaften, die bisher gern belächelt
werden. Humanisten wurden gern gefragt, ob sie mit ihrem Abschluss gleich den Taxischein dazu bekommen.
Das wird sich bald ändern. Wer Literaturwissenschaften
oder Philosophie studiert hat, ist außerordentlich gut darauf trainiert, einen gesellschaftlichen Kontext einzuord-
nen, Motive zu erkennen und diese klar zu formulieren.
All diese Fähigkeiten werden in Zukunft dringend gebraucht.

Teil 3

Werte und Wertschöpfung

09

Neuland

Die deutsche Wirtschaft ist durch ihre Werte groß geworden. Sobald wir diese in die neue Zeit überführen, finden wir unseren Platz in der Digitalisierung.

> Wenn wir den Mittelstand nur vom Materiellen her begreifen ... dann ist dem ... eine sehr gefährliche Deutung gegeben. Der Mittelstand ... ist viel stärker ausgeprägt durch eine Gesinnung und eine Haltung im gesellschaftswirtschaftlichen und politischen Prozess.
>
> LUDWIG ERHARD[1]

Vielleicht ist es gar nicht so verwunderlich, dass man im Mittelstand weitermacht wie zuvor. Dass man sich lieber standhaft gibt, statt sich der Frage zu stellen, warum die Welt sich plötzlich so schnell weiterdreht. Vielleicht ist es die Angst davor, das zu verlieren, was den Mittelstand zum Mittelstand macht. Und so halten viele stur an Althergebrachtem fest, ganz gleich wie viele Chancen sie auch verpassen, an vermeintlichen Erfolgsrezepten, die schon lange keine mehr sind.

Dabei übersehen wir, dass es mehr als nur zwei Wege gibt, sich einer neuen Realität zu stellen. Die Wahl, vor der wir stehen, heißt nicht: Gib deine Werte auf, oder geh mit ihnen unter. Es gibt noch eine weitere Möglichkeit: Wir können unseren alten Werten neues Leben einhauchen. Wir können die großen Fragen stellen. Etwa, was verantwortungsvolles Unternehmertum in Zukunft bedeuten kann.

Wer das tut, geht den ersten Schritt hin zu einer klaren Positionierung des Mittelstands in digitalen Zeiten. Dann erkennt man, dass dessen Erfolg keine Frage des technologischen Wandels ist und dass sich seine Werte um die Menschen drehen, die den Mittelstand ausmachen. Denn diese Wirtschaft findet nicht im luftleeren Raum statt oder im kühlen Cyberspace. Sie wird einzig durch die Menschen real, die jeden Tag dafür arbeiten.

Die Lösung des Problems liegt eigentlich direkt vor uns. Statt weiter an der Vergangenheit festzuhalten und den technischen Wandel als Feind unseres Wertegerüsts zu fürchten, müssen wir diese Werte genauso digitalisieren wie die Unternehmen auch – mit Bedacht und immer aufbauend auf unseren Stärken. Denn Werte leben und Werte schaffen, ist nicht im Ansatz so weit voneinander entfernt, wie es eine zynische digitale Welt vermuten lässt. Materielle Werte sind nicht das Gegenteil einer moralisch erstrebenswerten Welt. Sie sind deren Ausdruck. Und dort, wo beides zusammenfindet, ist der Mittelstand zu Hause.

Ich maße mir hier nicht an, eine abschließende Liste der Werte aufzustellen, um die sich der Mittelstand nun versammeln sollte. Es wird an jedem einzelnen Unternehmen liegen, diese für sich zu definieren – und zwar immer wieder aufs Neue. Aber ich kann zumindest den Stein ins Rollen bringen.[2]

Meine Daten, meine Teilhabe: Der Mittelstand sollte als Synonym stehen für den selbstbestimmten Umgang mit Daten – für jeden Kunden, jeden Mitarbeiter und jedes einzelne Unternehmen. Die informationelle Selbstbestimmung kann zu seinem zentralen Alleinstellungsmerkmal werden. Während die Digitalbranche versucht, die Daten ihrer Nutzer bis in die Obskurität zu verschleiern, kontert der Mittelstand mit offenen Standards, klarer Kommunikation und Teilhabe. Eine solche Transparenz wiederum führt zu neuen wirtschaftlichen Chancen; zu natürlich wachsenden Netzwerken aus Kunden, Nutzern, Lieferanten und Produzenten, die auf der Basis dieses Vertrauens gemeinsam neue Lösungen erarbeiten.

Qualität hat Vorrang: Auch der Mittelstand muss neue Kunden mit immer besseren Dienstleistungen und Produkten locken, die sich ständig weiterentwickeln und niemals so ganz fertig sind. Qualität bedeutet folglich, mehr als nur ein gewissenhaftes Produkt herzustellen. Sie bedeutet, eine vertrauensvolle Kundenbeziehung herzustellen. So, dass jeder Kunde weiß, dass man ihn up to date hält, dass man die Weiterentwicklung mit ihm gemeinsam gestaltet und seine Sorgen und Nöte ernst nimmt.

Langfristigkeit heißt Normen setzen: Digitale Produkte sind aus Sicht der Industrie ungewohnt kurzlebig. Werden die Produkte mittelständischer Unternehmen nun genauso unzuverlässig wie jede beliebige Software? Hoffentlich nicht. Normen und Standards können hier Abhilfe schaffen. Sie können die Nutzbarkeit von Produkten massiv erhöhen und für weite Netzwerke und Nutzergruppen zugänglich machen. Man schafft Planbarkeit für alle Beteiligten.

Die Debatte darüber, wie Werte in einer digitalen Welt gelebt werden können, wird noch eine Weile geführt werden. Wenn es dem Mittelstand wirklich gelingt, sie zu modernisieren, werden sie zum Wegbereiter eines zukunftsfähigen Mittelstands. Sie verändern unser Selbstbild und schaffen so etwas wie ein neues Narrativ zur Digitalisierung. Ein Leitbild für die deutsche Wirtschaft. Und das wird dringend benötigt.

Bisher gibt es bloß zwei Narrative der Digitalisierung, von denen keines wirklich hilft. Keines passt zu einem selbstbestimmten Mittelstand.

Narrativ Nummer eins geht in etwa wie folgt: Es war einmal eine Zeit, in der Arbeit echt und hart war. In den Fabrikhallen der Nation wurden Werte geschaffen – der Käfer von Volkswagen oder eine Waschmaschine von Miele. Dinge, die den Menschen halfen und auf die man sich verlassen konnte. In den Betrieben und an den Bändern wurde der «Wohlstand für Alle» gebaut. Unternehmen wurden langfristig geführt. Es gab so viele gute und sichere Arbeitsplätze, dass Deutschland Menschen aus dem Ausland anwarb, um all die hoch angesehenen Produkte zu bauen. Wer hart arbeitete, konnte sicher sein, ein gutes Leben zu führen. Dieses Idyll wurde zunächst durch die Globalisierung und dann von der Digitalisierung zugrunde gerichtet. Arbeit wurde immer weniger wert. Ganze Branchen wurden in Billiglohnländer verlagert.

Die verbliebenen Arbeitsplätze standen und stehen unter der unablässigen Gefahr, automatisiert zu werden. Im Namen des Fortschritts wird immer mehr Produktivität aus den Menschen herausgepresst. Wer sein Geld mit Daten, mit künstlicher Intelligenz oder der Cloud verdient, auf den wartet Reichtum und Glück. Alle anderen müssen immer mehr leisten, nur um auf der Stelle zu treten. Hieraus ergibt sich für Unternehmen die Pflicht, die Digitalisierung von der Belegschaft, den Kunden und der Gesellschaft so lange wie möglich fernzuhalten. Wer in einer gerechten Gesellschaft leben will, muss den Fortschritt ablehnen und sich stattdessen auf die Dinge beschränken, die schon immer für unseren Wohlstand verantwortlich waren.

Narrativ Nummer zwei tauscht die wehmütige Vergangenheit gegen eine glückselige Zukunft: Es war einmal eine Zeit, in der wir Menschen uns an den Fließbändern der Industrie kaputt geschuftet haben. Wir waren abhängig von unnahbaren Industriebossen, die ihre Villen und Karossen mit der Lebenszeit ihrer Arbeiter bezahlten. Das Wirtschaftswunder der Fünfzigerjahre mag gegenüber den vorangegangenen Kriegs- und Hungerjahren beeindruckend gewirkt haben. Spätestens in den Siebzigerjahren zeigte sich jedoch das wahre Gesicht der kalten Marktwirtschaft. Die Menschen wurden ersetzbar. Massenarbeitslosigkeit trat auf, die Gesellschaft spaltete sich. Kaum jemand lebte ein wirklich selbstbestimmtes Leben. Die Digitalisierung bricht endlich mit diesem System. Jeder kann mit Technologie seine kühnsten Träume erreichen.

Die vielen erfolgreichen Start-ups von Kalifornien über Berlin bis Bangalore leben es vor. Die Digitalisierung mag noch nicht zum weltweiten «Wohlstand für Alle» geführt haben, aber zumindest ist die Gesellschaft fairer als jemals zuvor. Technologie schafft Gerechtigkeit. Daraus ergibt sich für Unternehmen nur ein einziges Ziel: Digitalisierung um jeden Preis. Wir müssen uns wie das Silicon Valley aufführen. Nur so kann zukünftig Wohlstand geschaffen werden. Nur so kann jeder Mitarbeiter und jeder Kunde sein volles Potenzial entfalten und ein würdevolles Leben führen. Alles muss nun digital werden.

Keine dieser Erzählungen kommt der Wirklichkeit nahe – was wir deshalb brauchen, ist ein Narrativ, das uns von starren Schablonen der Digitalisierung befreit. Eines, das auf den Stärken und Werten des deutschen Mittelstands aufbaut. Denn er ist nicht die Digitalbranche. Und das ist endlich eine gute Nachricht.

Das Silicon Valley baut virtuelle Welten im Metaversum, schafft imaginäre Währungen auf der Blockchain oder will unser Denken mit KI auslagern. Die klügsten Köpfe einer ganzen Generation haben bisher nicht viel anderes gemacht, als Onlinewerbung verkauft.[3]

Aber die digitale Revolution wird nicht damit enden, Essen per App zu bestellen oder ganze Innenstädte mit E-Scootern zu verunstalten. Digitale Technologie wird dort nützlich, wo echte Werte geschaffen werden. Im Gesundheitswesen etwa, das schon seit Jahren an der Grenze seiner Belastbarkeit angelangt ist. Im Kampf gegen den

Klimawandel – in Mobilität, Industrie und Energie. In jedem Feld also, in dem der Mittelstand Weltspitze ist. Die Digitalbranche kann Technologien entwickeln, mit denen Ingenieure, Facharbeiter und Tüftler die Zukunft bauen – mehr jedoch nicht.

Und die Aufgabe wird noch einmal klarer: Die Industrie muss die Potenziale der Digitalisierung endlich in die echte Welt holen. Nur so lassen sich die Herausforderungen unserer Zeit wirklich lösen. Nehmen Sie zum Beispiel das Potenzial von *Green Manufacturing*: Das ist die nachhaltige Gestaltung von Produkten und Produktionsprozessen. Bisher sind die meisten Industrieprozesse eine Einbahnstraße. Rohmaterialien werden angeliefert und am Ende spuckt das Unternehmen ein neues Produkt aus. Die Frage, ob man Kosten sparen kann, indem man ressourcenschonender arbeitet, spielte bisher kaum eine Rolle. Nur neun Prozent aller Industriegüter werden wiederverwertet.[4] Gleichzeitig werden Ressourcen wie Lithium oder Cobalt, die etwa dringend für die E-Mobilität gebraucht werden, immer teurer. Die Nachfrage wächst rasant. Erst mit digitalen Lösungen lässt sich hier Abhilfe schaffen. Es lassen sich neue Lieferketten erstellen und überwachen. Es ist nicht nur möglich, den Ursprung bestimmter Rohstoffe zu kontrollieren, sondern auch, die eigenen Produkte über ihre Nutzung zu verfolgen. Plötzlich wird nicht nur die Montage, sondern auch die Demontage von Batterien und ganzen Autos möglich. Die Digitalisierung setzt die Grundlage für eine *zirkulare Wirtschaft*.

Da ist die Position des Mittelstands. Das ist der Platz, den er einnehmen sollte. Kein neues Silicon Valley. Aber eine starke deutsche Wirtschaft. Mit einer digitalen Industrie, die versucht, die Probleme unserer Zeit zu lösen. Mit einem Mittelstand, der seine Werte nicht aufgibt, sondern neu interpretiert. Lassen Sie mich das auf eine einzige Frage herunterbrechen: Glauben Sie wirklich, dass es einem Unternehmen in den kommenden zehn oder zwanzig Jahren schlecht gehen wird, das die Digitalisierung nutzt, um einen bedeutungsvollen Beitrag zu neuen Klimatechnologien zu leisten? Sind Sie immer noch der Auffassung, dass wir vor einer Deindustrialisierung stehen?

Ich hoffe nicht. Denn der Mittelstand ist weit mehr als nur die Produkte, die er herstellt, mehr als Fabrikhallen und Maschinen. Und selbst mehr als Belegschaften und Eigentümer. Der Mittelstand ist eine Idee, an der auch die Digitalisierung nicht rütteln kann. Zumindest so lange nicht, wie wir ihr treu bleiben.

10

Digitale Fertigung

*Jetzt müssen nur noch Taten folgen. Wie passen die
vielen Elemente einer mittelständischen Digitalisierung
zusammen?*

1987. Berlin feiert das 750-jährige Stadtjubiläum. Im Osten
der Stadt lässt die DDR-Führung einen Festumzug durch
die Straßen ziehen, der aus heutiger Sicht wie ein sozialis-
tischer Fiebertraum wirkt. Mehr als 3000 Mitläufer. Da
gab es eine Theatergruppe, die, mit Kohleruß bemalt, den
Siegeszug des Proletariats über den Kapitalismus zum Besten gab. Auf eine perfekt gestriegelte Abteilung Grenzsol-
daten folgten dicht an dicht Vertreter der freien Körper-
kultur, auf ihre Weise in Uniform. Und hinter einer über-
großen Pappmascheereplik des Weimarer Goethe-und-
Schiller-Denkmals stellte die DDR ihre neuesten technischen Errungenschaften vor.

Auf kleinen hölzernen Handwagen zogen die Mitarbeite-
rinnen des volkseigenen Betriebs Robotron ihren kas-
tenförmigen Computer, inklusive Monitor und Tastatur,
von den *Linden* bis zum Strausberger Platz. Mit ihren blau-
grauen Plastikoveralls und weißen Hauben sahen sie aus
wie Krankenschwestern aus einem Science-Fiction-Film.
Als seien sie direkt aus der Zukunft gekommen, um die
Schmerzen des Sozialismus zu lindern.

Seit den Fünfzigerjahren schon versprach die DDR-Führung ihren Arbeitern vollautomatische Fabriken. Sobald dieses technische Wunder vollbracht sei, brauchte es keine Erhöhungen der Arbeitsnormen mehr.[5] Und je schlechter die wirtschaftliche Lage in der DDR wurde, umso verzweifelter fabulierten die Parteikader den Siegeszug des Sozialismus durch Informationstechnologie herbei.[6] Man gab die Parole der «Höchstintegration» aus. Alles sollte mit Computern zusammengeführt werden. Dabei war die Distanz zum Westen so groß, dass selbst die Versuche der Stasi, durch Spionage *Technologietransfer* aus dem Westen zu betreiben, vergebens waren.

Egal, was man auch tat. Es reichte einfach nicht aus. In den letzten vier Jahren ihres Bestehens gab die DDR fast 14 Milliarden Ostmark für die Entwicklung eigener Computerlösungen aus.[7] Das waren 20 Prozent des Forschungsetats des gesamten Landes. Nur in die Rüstung floss noch mehr.[8]

Aber mit Technologie allein lässt sich Hoffnungslosigkeit nicht übertünchen. Eigentlich hätte man bereits 1987 erahnen können, dass die hüllenlose FKK-Tanzgruppe deutlich näher an der wirtschaftlichen Realität der DDR war als die Science-Fiction-Krankenschwestern mit ihren Computern. Denn Technologie verändert nicht, wer wir sind. Sie zeigt unsere Stärken, vor allem aber unsere Schwächen auf.[9] Und das galt damals in der DDR genauso wie heute in der BRD.

Entsprechend ist das, was wir aus dem informationstechnologischen Scheitern der DDR lernen können, durchaus mit der bundesdeutschen Realität vergleichbar. Denn der Arbeiter- und Bauernstaat hat gezeigt, dass Innovation, Fortschritt und Entwicklung nicht in einem Vakuum entstehen und überleben können. Um diese Ziele zu erreichen, muss eine Menge gleichzeitig funktionieren. Menschen müssen Ideen frei äußern können und die Möglichkeit haben, diese auszuprobieren. Es braucht unabhängige Universitäten und Unternehmer, die ihre große Chance wittern. Man benötigt verlässliche Lieferanten, eine Belegschaft mit dem Mut, Neues zu gestalten, und die Infrastruktur, um all diese Dinge zusammenzubringen. Alles muss ineinandergreifen. Wenn auch nur ein Rädchen in diesem Fortschrittsgetriebe fehlt, kommt nichts in Gang. Wo fangen wir also an?

Fünfjahresplan

Am besten, wir beginnen am Schluss. Stellen Sie sich einmal eine Welt vor, in der alle Herausforderungen der Digitalisierung gelöst sind. Sie haben Ihr Unternehmen genau richtig ausgerichtet. In Ihrer Branche geben Sie den Takt vor. Mit Leichtigkeit lassen Sie digitale und analoge Produkte verschmelzen. Projekte werden rasend schnell umgesetzt und immer ganz im Sinne Ihrer Kunden und Nutzer. Sie wachsen an jeder neuen Herausforderung. Je weiter die Digitalisierung voranschreitet, desto besser werden Sie. Mit einer eigenen Wertschöpfung für digitale Projekte und mit der Digitalisierung Ihres Unternehmens.

Wie kann so eine *digitale Fertigung* aussehen?

Die wichtigsten Elemente kennen Sie bereits!

Da gilt es, die **Abläufe und Arbeitsweise** im Unternehmen so zu gestalten, dass die eigenen Mitarbeiter Verantwortung für den Wandel übernehmen können, und dadurch die richtigen **Fachkräfte** zu gewinnen. Mit diesen Leuten kann der Mittelstand dann **eigenständige Technologieentscheidungen** treffen, um sowohl die finanziellen, als auch die praktischen Konsequenzen einer Technologie für das eigene Unternehmen abzuschätzen. Das wiederum führt zu einem souveränen Umgang mit **Daten**. Statt Prognosen zu erstellen oder den Versuch zu starten, jedes menschliche Verhalten messbar zu machen, werden Daten genutzt, um das eigene Unternehmen ständig zu verbessern. Letztlich führt das zu einer **Digitalstrategie**, die auf unserem vertrauten emergenten Ansatz beruht – bloß dass neue Partnerschaften, offene Industrieplattformen und -Cluster *Netzwerkeffekte* schaffen, die niemand anderes kopieren kann.

Und während Technologie zwar jeden dieser Aspekte der *digitalen Fertigung* durchzieht, ist sie niemals Ausgangspunkt der Betrachtung. Das bleibt immer der Mittelstand selbst.

Wenn wir uns also fragen, wie und wo Sie Ihre *digitale Fertigung* aufbauen, da gibt es eine schnelle einfache Antwort: Wir fangen nicht bei irgendeinem Trend an. Wir fragen die eigene Belegschaft und die eigenen Kunden. Ich verspreche Ihnen, dass jeder Mitarbeiter und jede Führungskraft eine Liste von zwanzig oder dreißig Dingen im

Kopf hat, die dringend besser laufen müssten. Das ist unser Startpunkt. Keine große Transformation, sondern ein stetiger Ausbau der eigenen Fähigkeiten. Wer so eine Liste noch ein wenig strukturiert, ist auf einem guten Wege.

Rennpappe

Die Herausforderung, eine *digitale Fertigung* aufzubauen, ist nicht zu unterschätzen. Gerade in der Industrie fordert sie eine teils dramatische Abkehr von vielem Althergebrachten. Nirgends wird dies deutlicher als in der Automobilindustrie. Deutsche Autos waren einmal der Maßstab, an dem sich die Welt messen musste. Aber mit der Elektromobilität, autonomem Fahren und tabletartigen Entertainment-Systemen bekommt auch dieses Bild Risse. Jede dieser Entwicklungen benötigt elektrische Steuerungssysteme, Platinen und Software. Und bisher scheint es nur schwer zu gelingen, sich dieser neuen Realität zu stellen: Etwa wenn es um die Chipkrise der Branche geht, deretwegen Sie so lange auf Ihren Neuwagen warten müssen.

Gewohnheitsmäßig fing man in der Coronapandemie an, die Verbindlichkeiten bei den eigenen Zulieferern zu reduzieren – auch bei den Chipherstellern. Vielleicht hätte man misstrauisch werden sollen, als die Chipbranche keinerlei Gegenwehr aufbot. Ihnen waren die Verträge egal. Von den Chefetagen in Stuttgart, Wolfsburg, Ingolstadt oder München ist man dort nicht abhängig. Man sitzt nicht im gleichen Boot. Und so kam es, wie es kommen musste. Die freigewordenen Kapazitäten wurden augenblicklich an die IT-Industrie weiterverkauft. Ob man Chips für einen VW Golf oder eine Playstation baut, ist völlig egal. Die stolze Historie der deutschen Ingenieurskunst interessiert in Taiwan oder China niemanden.

Ich will dieses Buch jedoch nicht mit einem Negativbeispiel beenden. Im Gegenteil. Es gibt Branchen und Unternehmen, wo alles in der Digitalisierung zusammenpasst – und die ironischerweise schon heute der Automobilbranche aus der Patsche helfen.

Denn die Chip-Industrie im Osten der Republik – blüht! Sie boomt. Heute arbeiten hier fast 50 000 Menschen. Aus einem der volkseigenen Betriebe, der damals die Schlüsselkomponenten für die DDR-Automatisierung lieferte, ist heute ein Musterbeispiel für Digitalisierung in Deutschland geworden. Die Carl Zeiss AG macht gerade alles richtig. Es gibt wenige Unternehmen, die durch eine größere technische Tiefe bestechen. Das Unternehmen ist lokal verankert und pflegt seine Kooperationen mit den ansässigen Universitäten. Dabei ist man längst als Stiftung aufgebaut – mit den eigenen Mitarbeitern im Fokus. Alles ist auf Langfristigkeit und Verantwortungsbewusstsein ausgerichtet. Kein Wunder also, dass Zeiss auch die Spiegel in den Chipmaschinen von ASML liefert. Sie erinnern sich vielleicht noch an die hyperkomplexen Maschinen aus Holland, mit denen Chips für jeden unserer Laptops und Handys gedruckt werden. Die Spiegel, die hier verbaut werden, kommen aus Jena und sind so flach, dass die Zugspitze gerade mal einen Millimeter hoch wäre, wenn der Spiegel die Fläche von Deutschland hätte.

Carl Zeiss zeigt, was möglich ist, wenn wir die eigenen Stärken und Werte in der Digitalisierung leben. Und vielleicht finden Sie diese Idee immer noch etwas befremdlich: eine digitale deutsche Wirtschaft, die Qualität nicht aufgibt, mit einer Belegschaft, die Leistung und Ideen nach vorn stellt.

Vieles davon mag noch kontrovers klingen. Aber das ist okay. Denn wer sich ernsthaft mit der Digitalisierung auseinandersetzt, wird mit einer Menge solcher Debatten leben müssen.

Und auch deshalb will ich mit einer Idee schließen, die gegen den Zeitgeist und gegen vieles steht, was gerade über die deutsche Wirtschaft geschrieben wird: mit Optimismus. Ich glaube fest daran, dass die deutsche Wirtschaft unseren Wohlstand nicht nur erhalten, sondern ausbauen wird. Wer an dieser Stelle von Deindustrialisierung und vom Niedergang der sozialen Marktwirtschaft spricht, wird unrecht behalten. Wer das tut, versteht nicht, welche Unternehmer und welche Unternehmen für den Wohlstand in diesem Land verantwortlich sind. Ich bleibe dabei. Die besten Jahre des Mittelstands liegen vor uns.

Anmerkungen

Teil 1

Was es mit der Digitalisierung auf sich hat

1 Minges, Michael (2015). Exploring the relationship between broadband and economic growth.

2 Solow, Robert (1987). We'd better watch out. New York Times Book Review 36.

3 Azoulay, Pierre, Benjamin F. Jones, J. Daniel Kim, Javier Miranda (2020). Age and high-growth entrepreneurship. *American Economic Review: Insights 2* (1), 65–82.

4 Ferguson, Niall (2017). The square and the tower: networks, hierarchies and the struggle for global power. Penguin UK.

5 Dittmar, J. E. (2011). The welfare impact of a new good: The printed book. *Department of Economics, American University.*

6 Caves, Richard E., Michael Fortunato, Pankaj Ghemawat (1984). The decline of dominant firms, 1905–1929. *The Quarterly Journal of Economics 99,* (3), 523–546.

7 Bosse, Christian K., Klaus J. Zink (2019). Arbeit 4.0 im Mittelstand. *Chancen und Herausforderungen des digitalen Wandels für KMU. Springer: Berlin.*

8 Zur Einordnung: Bytes, Kilobytes, Megabytes, Gigabytes, Terabytes, Petabytes, Exabytes. Ein Zettabyte entspricht also 10 hoch 21 Bytes. Vgl. Rachfall, Thomas. (2012). Im Meer der Informationen schwimmen statt untergehen. 9. 34–39.

9 Nach Gerald Butters von Bell Labs, der ehemaligen Forschungseinrichtung des amerikanischen Telekommunikationsgiganten AT&T.

10 Röhl, Klaus-Heiner (2020). Der Mittelstand in der Corona-Krise: Solide Eigenkapitalbasis wirkt stabilisierend. *IW-Report* (24/2020).

11 Simon, Hermann (2012). Hidden Champions-Aufbruch nach Globalia: Die Erfolgsstrategien unbekannter Weltmarktführer. Campus Verlag.

12 Baculard, Laurent-Pierre, Laurent Colombani, Virginie Flam, Ouriel Lancry, Elizabeth Spaulding (2017). Orchestrating a successful digital transformation. *Bain & Company* (22).

13 Verpackungs-Valley: Optima, Schubert, Bausch & Ströbel, Groninger, Weiss; Materials Valley: Heraeus, Schott, Merck, Umicore, Netzsch-Conduct; Chicken Valley: PHW, Big Dutchman, Deutsche Frühstücksei; Ventilator-Valley: EBM-Papst, Ziehl-Abegg, Gebhardt.

14 Simon, Hermann (2012). Hidden Champions-Aufbruch nach Globalia: Die Erfolgsstrategien unbekannter Weltmarktführer. Campus Verlag.

15 Ebd.

16 Wübbeke, Jost, Mirjam Meissner, Max J. Zenglein, Jaqueline Ives, Björn Conrad (2016). Made in china 2025. *Mercator Institute for China Studies. Papers on China* 2 (74), 4.

17 Manyika, James, Susan Lund, Jacques Bughin (2016). Digital Globalization: The New Era Global Flows. McKinsey Global Institute.

18 Meyer, Jens-Uwe. Warum wir ein deutsches Silicon Valley brauchen. *Manager Magazin* (6. Februar 2017), https://www.manager-magazin.de/politik/konjunktur/reaktion-auf-trump-wir-brauchen-ein-deutsches-silicon-valley-a-1133092.html

19 Mußler, Hanno. Wirecard: Bafin-Chef Felix Hufeld räumt Fehler ein. *faz.net* (22. Juni 2020), https://www.faz.net/aktuell/wirtschaft/wirecard-bafin-chef-felix-hufeld-raeumt-fehler-ein-16826872.html

20 «Untersuchungsausschuss zu Wirecard: Altmaier verteidigt sich». *faz.net* (20. April 2021), https://www.faz.net/aktuell/wirtschaft/untersuchungsausschuss-zu-wirecard-altmaier-verteidigt-sich-17303994.html

21 Der Begriff *gauche caviar* oder *Kaviar-Linke*, beschreibt all diejenigen, die mit Champagner in der Hand den Aufstand des Proletariats herbeibeschwören. Alternativ: Limousinen-Liberale (USA), Kaschmir-Kommunisten oder Salonsozialisten.

22 «A new breed of German startups». *The Economist* (6. Juni 2018), https://www.economist.com/business/2018/06/16/a-new-breed-of-german-startups (zugegriffen am 5. April 2023).

23 Berliner Rede des Bundespräsidenten Roman Herzog, 26. April 1997 im Hotel Adlon.

24 Breznitz, Dan (2021). Innovation in real places: Strategies for prosperity in an unforgiving world. Oxford University Press, USA.

Teil 2

Der Weg durch die Digitalisierung

1 Flicke, Florian (2017). Mittelstand fehlt es an Strategie. *Handelsblatt*, https://www.handelsblatt.com/technik/hannovermesse/einblick-mittelstand-fehlt-es-an-strategien/19514018.html (zugegriffen am 07.7.2022).

2 Zacharias, F. (2020), Die Bitkom-Digitalstrategie 2025 Last Call, https://www.bitkom.org/sites/main/files/2020–01/200113_bitkom_digitalstrategie.pdf (zugegriffen am 22. Mai 2023).

3 Mintzberg, Henry (1978). Patterns in strategy formation. *Management science 24* (9), 934–948.

4 Koenen, Dr. Thomas, Heckler, Stefan (Hrsg.). Deutsche digitale B2B Plattformen. *Bundesverband der Industrie e. V.*, https://bdi.eu/publikation/news/deutsche-digitale-b2b-plattformen-2021/ (zugegriffen am 22. 2022).

5 Hagiu, Andrei, Julian Wright (2015). Multi-sided platforms. *International Journal of Industrial Organization* (43), 162–174.

6 Müller-Friemauth, Friederike, Joachim Hafkesbrink, Michael

Schaffner, Carsten Weber, Steffen Weimann (2021). Fallstudien zur Digitalisierung im Mittelstand. Springer Gabler.

7 Guston, David H. (Hrsg., 2010). Encyclopedia of nanoscience and society (2). Sage.

8 Forrester, Jay W. (1968). Industrial dynamics – after the first decade. *Management science 14*, (7), 398–415.

9 Richard Rumelt, in Mintzberg, Henry, Bruce W. Ahlstrand, Joseph Lampel (2005). Strategy bites back: It is a lot more, and less, than you ever imagined. Pearson Education.

10 Diese Schätzung basiert auf der Analyse Firma: Knowledge Sourcing. Zugegriffen am 06.01.2023 unter https://www.knowledge-sourcing.com/report/global-data-broker-market#

11 Doss, April Falcon (2020). Cyber Privacy: Who Has Your Data and Why You Should Care. BenBella Books.

12 Lorenz, E. (1972). Predictability: does the flap of a butterfly's wing in Brazil set off a tornado in Texas? (n.a.), 181.

13 Gartner. (2020, November 17). Gartner forecasts worldwide public cloud end-user spending to grow 18 % in 2021. https://www.gartner.com/en/newsroom/press-releases/2020-11-17-gartner-forecasts-worldwide-public-cloud-end-user-spending-to-grow-18-percent-in-2021

14 Wang, Sarah, Martin Casado (2021). The Cost of Cloud, a Trillion Dollar Paradox. *Future Blog* von Andreessen Horowitz. https://a16z.com/2021/05/27/cost-of-cloud-paradox-market-cap-cloud-lifecycle-scale-growth-repatriation-optimization/ (zugegriffen am 12. 2022).

15 Damodaran, Aswath (2018). Going to Pieces: Valuing Users, Subscribers and Customers. *Subscribers and Customers* (May 23, 2018).

16 Knapp, Jake, John Zeratsky, Braden Kowitz (2016). Sprint: How to solve big problems and test new ideas in just five days. Simon and Schuster.

17 Hamilton, Isobel Asher. Amazon Built an AI Tool to Hire People but Had to Shut It down Because It Was Discriminating against Women. *Business Insider*, https://www.businessinsider.com/amazon-built-ai-to-hire-people-discriminated-against-women-2018-10 (zugegriffen 12. Juli 2023).

18 Wigert, Ben. The Top 6 Things Employees Want in Their Next Job. *Gallup.Com* (21. Februar 2022), https://www.gallup.com/workplace/389807/top-things-employees-next-job.aspx

19 Christoph Rottwilm. Weniger Frauen in MDax-Vorständen als Männer namens Thomas. *manager magazin* (6. März 2015), https://www.manager-magazin.de/politik/artikel/weniger-frauen-in-mdax-vorstaenden-als-maenner-namens-thomas-a-1022017.html.

20 Kane, Gerald (2019). The technology fallacy: people are the real key to digital transformation. *Research-Technology Management 62* (6), 44–49.

21 Cukier, Kenneth, Viktor Mayer-Schönberger, Francis de Véricourt (2022). Framers: Human advantage in an age of technology and turmoil. Penguin.

22 Eloundou, Tyna, Sam Manning, Pamela Mishkin, Daniel Rock (2023). Gpts are gpts: An early look at the labor market impact potential of large language models. *arXiv preprint arXiv:2303.10130*.

Teil 3

Werte und Wertschöpfung

1 Rüstow, Alexander (1956). Der mittelständische Unternehmer in der sozialen Marktwirtschaft. *Wortlaut der Vorträge auf der vierten Arbeitstagung der Aktionsgemeinschaft Soziale Marktwirtschaft eV, Ludwigsburg.*

2 In Anlehnung an: Lanier, Jaron (2014). Who owns the future?. Simon and Schuster.

3 Das Originalzitat stammt von Jeff Hammerbacher, einem Mitbegründer von Cloudera, einem amerikanischen Unternehmen für
Daten-Management.

4 Circularity Gap Report des World Economic Forum, https://www.
circularity-gap.world/2022 (zugegriffen am 14. 2022).

5 Berkner, Jörg (2005). Halbleiter aus Frankfurt. Die Geschichte des
Halbleiterwerkes Frankfurt (Oder) und der DDR-Halbleiterin-
dustrie. Funkverlag Bernhard Hein: Dessau.

6 Dittmann, Frank (2013). Matthias Falter und die frühe Halbleiter-
technik in der DDR. *Physik im Kalten Krieg: Beiträge zur Physikge-
schichte während des Ost-West-Konflikts*, 113–123.

7 Andre Beyermann. Staatsauftrag: «Höchstintegration»: Thüringen
und das Mikroelektronikprogramm der DDR. Thüringer Staats-
kanzlei (archiviert vom Original am 8. Februar 2001, zugegriffen
am 8. Februar 2020).

8 Dale, Gareth (2004). Between State Capitalism and Globalisation:
The Collapse of the East German Economy. Peter Lang.

9 Kidder, Tracy (2011). The soul of a new machine. Hachette UK.

Originalausgabe
Veröffentlicht im Rowohlt Verlag, Hamburg, April 2024
Copyright © 2024 by brand eins Verlag Verwaltungs GmbH, Hamburg
Lektorat Gabriele Fischer, Holger Volland
Faktencheck Victoria Strathon
Projektmanagement Hendrik Hellige
Die Nutzung unserer Werke für Text- und Data-Mining
im Sinne von § 44b UrhG behalten wir uns explizit vor.
Covergestaltung Mike Meiré / Meiré und Meiré
Druck und Bindung GGP Media GmbH, Pößneck
ISBN 978-3-98928-020-5